Wie kommt
DAS SOFA
um die Ecke?

WISSENSCHAFT ALS GEHEIMWAFFE
IM ALLTAG

© Lizenzausgabe der Süddeutschen Zeitung GmbH, München,
für die Süddeutsche Zeitung Edition 2017

Projektleitung: Till Brömer
Übersetzung: Barbara Meder
Umschlag & Gestaltung: Daniela Mecklenburg

Copyright © Elwin Street Productions Limited 2010
Konzeption und Produktion:
Elwin Street Productions Limited
14 Clerkenwell Green
London EC1R 0DPa
www.elwinstreet.com

ISBN: 978-3-86497-382-6
Gedruckt in China

Wie kommt
DAS SOFA
um die Ecke?

WISSENSCHAFT ALS GEHEIMWAFFE
IM ALLTAG

MARK FRARY

Süddeutsche Zeitung Edition

INHALT

Wer hätte das gedacht

Sind Sie als Schüler in Mathe oder den Naturwissenschaften mental auch regelmäßig ausgestiegen? Waren Sie verwirrt oder gelangweilt und fest davon überzeugt, dass man das ganze Zeug im richtigen Leben nie und nimmer braucht? Dann geht es ihnen wie vielen Ihrer Mitmenschen.

Sie werden sicher überrascht sein, wie falsch Sie mit dieser Annahme liegen – auch, wenn Ihnen das, was Sie im Unterricht vielleicht gelernt haben, heute noch abstrakter erscheinen mag als damals. Aber wenn Sie sich schon seit Jahren fragen, wie man seine Ausgaben optimiert, planvoll Ordnung schafft oder aus einem wüsten Stück Erde einen Garten macht, rückt die Antwort jetzt in greifbare Nähe. Wissenschaft ist nämlich eine echte Geheimwaffe. Dieses Buch macht Sie Schritt für Schritt mit ihren nützlichsten Grundsätzen bekannt. Und vor allem zeigt es, wie einfach es ist, durch ihre gezielte Anwendung das Leben um einiges angenehmer zu gestalten.

In Ihrem Putzschrank ist wahrscheinlich alles Mögliche an vielversprechenden Reinigungsmitteln versammelt. Mit ein bisschen Chemie verstehen Sie, wie sie wirken und ob man sie tatsächlich braucht. Oft funktionieren einfache Haushaltsprodukte nämlich genauso gut – für wesentlich weniger Geld und ohne dass der Schrank voller Flaschen steht.

Mit Hilfe der Geometrie können Sie herausfinden, ob Sie das neue Sofa um die Ecke bekommen oder wie Sie selbst unförmige Geschenke ökonomisch einpacken, damit noch genügend Papier für die anderen Weihnachtspräsente bleibt.

> *„Man muss die Dinge so einfach wie möglich machen. Aber nicht einfacher."*
>
> ALBERT EINSTEIN

In der Küche ist Physik ein wertvoller Helfer. Sie fragen sich, warum Ihre Kuchen und Soufflés nicht richtig aufgehen? Die Wissenschaft hat die Antwort parat und sorgt dafür, dass Ihre nächste Einladung ein voller Erfolg wird – und zwar selbst dann, wenn Sie noch kein erfahrener Bäcker sind.

Mathekenntnisse sind extrem praktisch, wenn man ausrechnen möchte, wie man seine Kreditkarte am besten ausgleicht oder einen Ball schneller und weiter fliegen lässt.

Machen Sie sich keine Sorgen, wenn Ihnen allein der Gedanke an Gleichungen Kopfschmerzen bereitet. Sie müssen absolut kein Nerd sein, um Spaß an unserem kleinen Buch zu haben. Jeder Wissenschafts-Hack wird so erklärt, dass Sie ihn auch wirklich umsetzen können – egal, ob Sie in der Schule aufgepasst haben oder nicht.

Mit dem Sofa um die Ecke

Daran ist wohl jeder schon mal gescheitert, der Mathe nicht zu seinen liebsten Hobbys zählt. Die Rede ist von einem Problem, das – wissenschaftlich betrachtet – von einem mangelnden räumlichen Bewusstsein rührt. Normalsterbliche kennen es als Sofa-Fiasko, bei dem irgendwann unweigerlich der Satz „Ich hätte schwören können, dass es passt" fällt.

Stellen Sie sich folgendes Szenario vor: Bei Ihrem Lieblings-Möbelhaus ist gerade Schlussverkauf. Sie sehen das Sofa, das Sie schon immer haben wollten, und wunderbarer Weise ist es um 80 % reduziert. Sie müssen es einfach kaufen! Als es am folgenden Tag geliefert wird, wird Ihnen klar, dass Sie in Schwierigkeiten stecken. Von der Eingangstür zum Wohnzimmer führt nämlich ein L-förmiger Flur. Und durch den passt das gute Stück trotz ewigen Rumprobierens einfach nicht durch. Im Möbelhaus erfahren Sie, dass reduzierte Ware vom Umtausch leider ausgeschlossen ist. Ihre Tante, die in einem Haus mit einer breiten und geraden Diele wohnt, freut sich sehr über Ihr großzügiges Geschenk. Ihr Konto freut sich allerdings deutlich weniger. Weil Sie jetzt ein zweites Sofa kaufen müssen, das um die Ecke passt.

EINFACH ANFANGEN

Mathematikern wird das kaum passieren, weil sie ihre Geometrie beherrschen (also den Teil der Mathematik, bei dem es um Linien, Kurven und Formen geht). Und das sollten auch Sie zumindest ansatzweise, weil diese Rechendisziplin Ihren Rücken und Ihr Bankkonto schont. Ein bisschen Algebra sollten Sie auch können – zumindest so viel, um wissen, dass man variable Längen durch Zahlensymbole ersetzen kann.

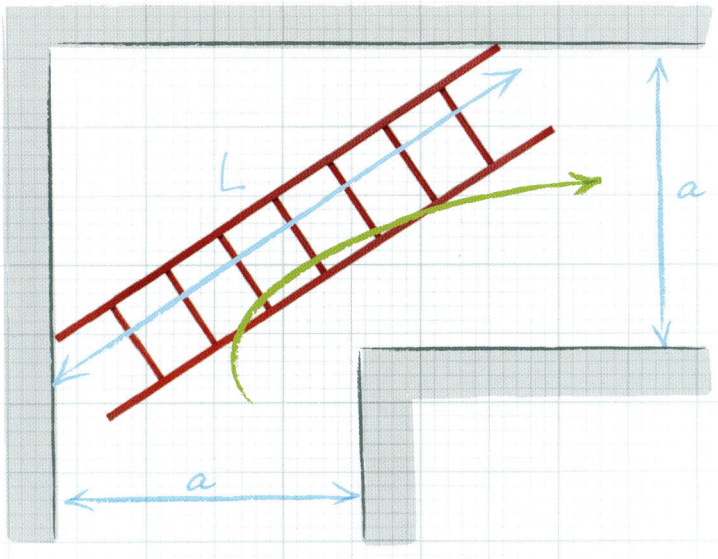

Abb. 1 Einfache Situation: Mit der Leiter um die Ecke

Oft lösen Mathematiker ein schwieriges Problem, indem sie sich zunächst mit einem einfacheren auseinandersetzen. Lassen Sie uns also versuchen, statt eines Sofas eine waagerecht gehaltene Leiter der Länge L um die Ecke zu bringen. Dabei nehmen wir an, dass der Korridor an beiden Schenkeln dieselbe Breite a hat.

Durch den symmetrischen Grundriss erkennt man besonders deutlich, dass der kritische Punkt erreicht ist, wenn die Leiter an die innere Flurecke stößt und an beiden Seiten gleich weit in die Flursegmente ragt (s. Abb. 1). Das bedeutet, dass die Länge von der äußeren Ecke bis zum Ende der Leiter $2a$ ist.

Nach dem Satz des Pythagoras (den wir noch aus der Schule kennen sollten) gilt:

$$L^2 = (2a)^2 + (2a)^2$$

oder $L = \sqrt{8}a$, was sich schnell mit dem Taschenrechner ausrechnen lässt.

Für Flure mit unregelmäßigem Grundriss können wir uns auf die mathematische Abhandlung „Das Bewegen von Rechtecken um eine Ecke – mit Geometrie" beziehen, die Raymond Boute von der Unversität Gent verfasst hat.

Wenn wir annehmen, dass die Breite des einen Flurs a ist und die Breite des anderen b (s. Abb. gegenüber), können wir mit ein wenig Rechenkunst herausfinden, welche Länge *(L)* eine Leiter maximal haben darf, damit sie um die Ecke passt.

Nach Boute lässt sich die maximale Leiterlänge – unter Berücksichtigung der Bewegung um die Ecke – nach folgender Gleichung berechnen:

$$L^2 = (a^{2/3} + b^{2/3})^3$$

oder

$$L = (a^{2/3} + b^{2/3})^{3/2}$$

VON DER LEITER ZUM SOFA

Wenn man statt einer Leiter ein Sofa mit der Weite w hat (s. Abb. 2), wird die Rechnerei um einiges komplizierter. Laut Boute muss man dann nämlich den Wert m nach folgender Formel berechnen:

$$(bm^3 - a)^2 - w^2 (m^2 - 1)^2 (m^2 + 1) = 0$$

Mit dem Wert m kann man zur Ermittlung der maximalen Sofalänge folgende Formel anwenden:

$$L^2 = (1 + 1/m^2)(a + mb - w(m^2 + 1))$$

Mit diesen beiden Formeln können Sie das Ergebnis dann leicht ausrechnen. Müssen Sie aber nicht unbedingt, vielleicht gibt es einen Rechner zum Downloaden, der Ihnen die ganze Kalkuliererei abnimmt. Sie müssen nur die Eckdaten von Flur und Sofa eintragen, und schon können Sie sehen, ob das Ganze passt.

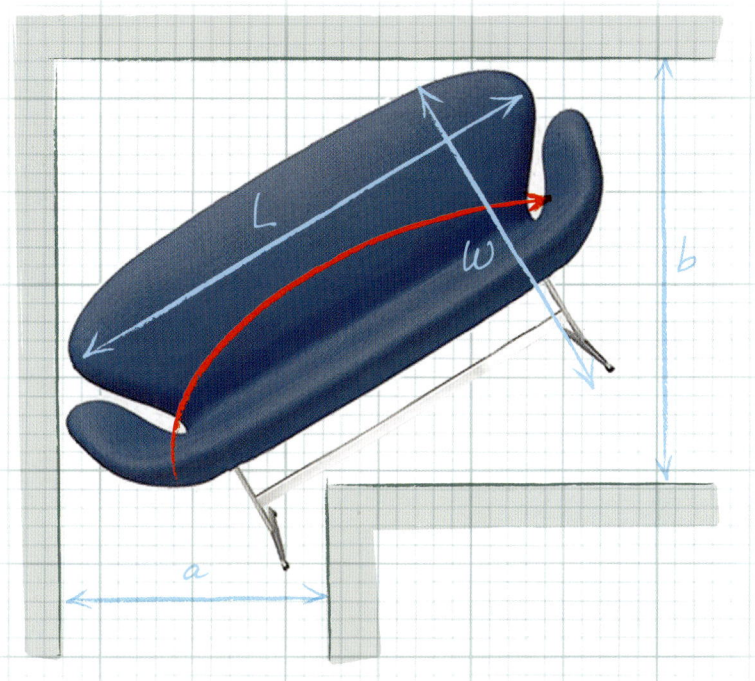

Abb. 2 Situation: Mit dem Sofa um die Ecke

Echte Mathematiker geben sich mit Standardformaten natürlich nicht zufrieden. Sie haben fleißig weitergerechnet und können nun sogar sagen, welche Form ein Sofa haben darf, damit Sie damit noch um die Ecke kommen. Am eindrucksvollsten ist die Variante, die ein gewisser J. Gerver präsentiert hat: Mit seiner halbrunden Vorderseite und dem geschwungenen Rücken erinnert sein Objekt an ein altmodisches Telefon.

Wenn Sie also mal wieder mal Möbel kaufen wollen, vergessen Sie nicht, ein Maßband mitzunehmen. Und am besten auch noch einen Mathematiker.

Nie mehr eine Fahne

Das Problem ist so alt wie die Menschheit: Seit Knoblauch auf unserem Speiseplan steht (beziehungsweise Allium sativum, wie Botaniker das Knollengewächs nennen), leidet unsere Umgebung unter der daraus resultierten Fahne. Doch zum Glück ist ein Kraut dagegen gewachsen.

DIE WISSENSCHAFTLICHEN FAKTEN

Im Laufe der Jahre wurde Knoblauch mit wenig schmeichelhaften Namen wie Gruselich oder Stinkrose bedacht, was nicht weiter verwundert. Der strenge Geruch stammt von einem Stoff namens Allicin, der in der Chemie als Prop-2-en-1-thiosulfinsäure-S-allylester bekannt ist.

Allerdings ist Allicin nicht von Anfang an in Knoblauch enthalten – es entsteht erst, wenn man die Knollen zerdrückt oder zerschneidet. Durch den mechanischen Eingriff vermischen sich Alliinase und Alliin, zwei chemische Stoffe, die normalerweise in verschiedenen Zellen eingeschlossen sind. Die Knolle an sich riecht eher unauffällig. Und das ist auch der Grund, warum Gerichte, die ganze Knoblauchzehen enthalten, weniger aromatisch schmecken.

Das Phänomen Knoblauchfahne wurde 1999 an der University of Minnesota in einer Studie von Dr. Fabrizis Suarez und Kollegen detailliert untersucht. Wenn man Knoblauch isst, gelangt Allicin in den Magen und wird dort in verschiedene Bestandteile aufgespalten. Die meisten von ihnen werden in Darm und Leber noch weiter zerlegt und anschließend über den Verdauungstrakt ausgeschieden.

Bei diesem Prozess entsteht auch ein giftiges Gas namens Allylmethylsulfid oder AMS, das vom Körper auf einem anderen Weg entsorgt wird. AMS wird nämlich vom Blut absorbiert und gelangt so in den gesamten Körper. Je nachdem, wo das Gas dann nach draußen drängt, „kontaminiert" es das jeweilige Ausscheidungsmedium mit seinem üblen Geruch – den Urin, den Schweiß auf der Haut oder eben im Atem. Bis das komplette AMS aus dem Körper ist, können mehrere Tage vergehen.

Seit es Knoblauchfahnen gibt, mangelt es nicht an Empfehlungen, was angeblich dagegen hilft. Allerdings stellt sich die Frage, ob sich die Wirksamkeit der verschiedenen Methoden auch wissenschaftlich belegen lässt.

DIE GRÜNE METHODE

Petersilie kauen ist einer der am häufigsten genannten Tipps. Die Tippgeber vertrauen einer ominösen Eigenschaft, die man dem Chlorophyll zuschreibt. Petersilie enthält von dem grünen Pigment mehr als die meisten anderen Pflanzen. Darum verwenden ihre Anhänger sie gerne für Speisen, bei denen viel Knoblauch im Spiel ist – zum Beispiel beim Knoblauchbrot. Aber was genau bewirkt Petersilie aus wissenschaftlicher Sicht?

Schon seit 1953 bestreiten Wissenschaftler, dass Chlorophyll gegen schlechen Atem hilft. In seinem „Assessment of Chlorophyll as a Deodorant" („Bewertung von Chlorophyll als Desodorans"), hat Dr. John Brocklehurst von der University of Glasgow sogar belegt, dass Chlorophyll keinen nachweislichen Effekt bei Knoblauchgeruch hat.

In der Abhandlung, die im *British Medical Journal* veröffentlicht wurde, stellt er nüchtern fest: „Das Mischen von verschiedenen stark riechenden Lösungen (wie beispielsweise Knoblauchsirup) und wasserlöslichem Chlorophyll hat selbst nach einer Testphase von einem oder mehr Monaten nicht zur Beseitigung des Geruchs dieser Lösungen geführt."

MEHR AUS DER NATURAPOTHEKE

Auch bei anderen Hausmitteln lässt sich die Wirksamkeit nicht wissenschaftlich belegen. Viele schwören nach exzessivem Knob-

lauchgenuss auf das Kauen von Fenchelsamen, Anis oder Karda-
mom. Entsprechende Mischungen werden nach dem Essen gerne in
indischen Restaurants angeboten. Allerdings ist es so, dass der starke
Eigengeruch dieser Gewürze den Knoblauchdunst nur eine Zeitlang
überdeckt. Eine echte Neutralisation durch einen chemischen Prozess findet nicht statt.

HILFE AUS DER DROGERIE

Was also wirkt nach Meinung von Wissenschaftlern tatsächlich?
Ganz einfach: Mundwasser! Es ist schließlich generell dazu da,
schlechten Atem zu bekämpfen, und einige Sorten werden sogar mit
einer Knoblauchfahne fertig.

Seinen konkreten Effekt hat die Cochrane Collaboration untersucht, ein Non-profit-Netzwerk internationaler Forscher. Dazu
wurden fünf Testphasen durchgeführt, bei denen die Probanden entweder ein echtes Mundwasser oder ein Placeboprodukt erhielten. Die
genommenen Stichproben haben zweifelsfrei belegt, dass die indus-
triell hergestellten Produkte ihr Geld wirklich wert sind.

Bei der Untersuchung stellte sich insbesondere
heraus, dass Mundwasser mit antibakteriellen Wirk-
stoffen wie Chlorhexidin oder Cetylpyridiniumchlo-
rid „eine wichtige Rolle bei der Reduktion von
Halitosis verursachenden Bakterien auf der
Zunge spielen kann". Produkte, die Chlordioxid und Zink enthalten, wurden als „potenziell
wirksam bei der Neutralisation von schwefel-
haltigen Geruchsstoffen" eingestuft.

Was schwefelhaltige Geruchsstoffe angeht,
ist AMS einer der intensivsten. Wenn Sie
also demnächst ein Mundwasser kaufen,
achten Sie am besten darauf, dass es
Chlordioxid und Zink enthält.

Alles eine Frage der Organisation

Wenn man älter wird, tendiert man oft dazu, alles Mögliche anzuhäufen – zum Beispiel Bücher, CDs oder DVDs. Und je mehr die Sammlung wächst, desto schwieriger gestaltet sich die Suche nach einem bestimmten Teil Gegenstand. Um Ordnung in das Chaos zu bringen, gibt es zwei verschiedene Ansätze: Alles von Anfang an zu sortieren oder nachträglich für Struktur zu sorgen.

BUBBLESORT

Stellen Sie sich vor, Sie wollen folgende Bücher alphabetisch ordnen: *Die Q-Tagebücher (Q), Liebe in Zeiten der Cholera (L), Ciceros gesammelte Reden (C), der Times Weltatlas (T) und die Bibel (B).*

Um sie in die richtige Reihenfolge zu bringen, können Sie das so genannte Bubblesort-Verfahren verwenden, das mit einem simplen Austauschsystem arbeitet.

Dabei vergleicht man zunächst das erste Element der Reihe mit dem zweiten. Wenn die Reihenfolge nicht stimmt, werden einfach die Positionen getauscht. Als nächstes betrachtet man das zweite und das dritte Element und verfährt wieder genauso. Das Ganze wird dann bis zum Ende der Reihe weitergeführt. Wenn keine Positionen verändert wurden, stimmt die Sortierung. Falls doch, beginnt man wieder von vorn. Bei unseren Beispielbüchern sieht das Ganze dann folgendermaßen aus:

QL**C**TB ––> L**QC**TB ––> LC**QT**B (ohne Tausch)
––> LCQ**TB** ––> LCQBT

Dann geht es wieder von vorne los:

L**C**QBT ––> C**LQ**BT (ohne Tausch) ––> CL**QB**T
––> CLB**QT** (ohne Tausch) ––> CLBQT

Und noch einmal von vorne:

CLBQT (ohne Tausch) ––> C**LB**QT ––>
CB**LQ**T (ohne Tausch) ––> CBL**QT** (ohne Tausch)

Und ein weiteres Mal von vorne:

BCLQT (ohne Tausch) ――> B**CL**QT (ohne Tausch) ――>

BC**LQ**T (ohne Tausch) ――> BCL**QT** (ohne Tausch)

Bei der letzten Runde war kein weiterer Austausch nötig, die Bücher sind jetzt in der richtigen Reihenfolge. Der Nachteil dieser Methode ist, dass die dafür nötigen Einzelschritte ziemlich viel Zeit in Anspruch nehmen. Um den konkreten Zeitaufwand zu ermitteln, behandeln wir die Summe der Einzelschritte als das, was sie sind – einen Algorithmus.

Algorithmen werden nach ihrer Komplexität bewertet, also danach, wie lange die Sortierung einer Reihe von Objekten maximal dauert. Wenn die

Abb. 1 Die Bubblesort-Methode

Reihe aus n völlig unsortierten Objekten besteht, braucht man mit dem Bubblesort-Verfahren $n - 1$ Runden und n Vergleiche in jeder Runde. Die Summe der durchzuführenden Schritte beträgt dann $(n - 1)$ mal n oder $n^2 - 2n + 1$. Je größer die Zahl n ist, desto dominanter wird die Potenz n^2 im Vergleich zu $2n$. Wenn n zum Beispiel 100 ist, beläuft sich n^2 auf 10.000, während $2n$ gerade einmal 200 ausmacht. Die Komplexität entspricht dabei der Klasse n^2 beziehungsweise $O(n^2)$.

QUICKSORT

Jetzt, da wir die Komplexität von Bubblesort kennen, sollten wir uns nach einer Sortiermethode mit einem unaufwändigeren Algorithmus umschauen. Eine der effizientesten ist Quicksort, eine Entwicklung des Computerwissenschaftlers Sir Charles Anthony Hoare aus dem Jahr 1960.

Beim Quicksort-Algorithmus bestimmt man ein Element der Reihe zum so genannten Pivot. Dann ordnet man alle Elemente, die alphabetisch vor dem Pivot kommen (oder eine niedrigere Zahl haben), vor dem Pivot ein. Alle Elemente, die alphabetisch nach dem Pivot kommen (oder eine höhere Zahl haben), werden entsprechend dahinter gestellt. So ist das erste Element schon mal richtig positioniert. Anschließend wird mit den beiden Reihensträngen vor und nach dem Pivot weitergearbeitet. Aus diesen wählt man einen neuen Pivot und verfährt nach demselben Schema – und zwar so lange, bis das letzte Element erreicht ist. Und so sieht das Ganze dann bei unserer Musterreihe aus (in der die Pivots fett markiert sind):

QL**C**TB --> B**C**QLT

In dieser Reihe kommt nur ein anderes Element vor dem C, was bedeutet, dass B und C an der richtigen Position sind. Nun nehmen wir uns den Reihenstrang rechts vom C vor:

BC **Q**LT --> BC **L**QT

Q rückt hinter den neuen Pivot, somit ist L jetzt korrekt platziert:

BCL **Q**T

Q und T sind schon in der richtigen Reihenfolge, somit ist die Sortierung abgeschlossen.

Quicksort hat eine Komplexität der Klasse *(n* log *n)*, wobei log *n* für den Logarithmus der Zahl *n* steht. Wenn *n* größer wird, bleibt der Wert von log *n* deutlich unter dem Wert von n^2, der für die Komplexität von Bubblesort ausschlaggebend ist. Somit ist Quicksort viel effizienter als Bubblesort. Wenn wir eine Sammlung von 1.000 DVDs sortieren wollen, erzielt Bubblesort mit seiner Komplexitätsklasse einen Wert von 1.000 x 1.000, also 1.000.000. Quicksort dagegen hat einen Wert von 1.000 x log 1.000 beziehungsweise 1.000 x 3, also 3.000. Bei dieser Sortiermethode sind also maximal 3.000 statt bis zu einer Million nötig, was unterm Strich eine Menge Zeit spart.

DIE SACHE MIT DER FREQUENZ

Die meisten von uns sortieren ihre Unterlagen alphabetisch, was nicht unbedingt die beste Methode ist. Wenn man bestimmte Akten ziemlich häufig braucht, macht es mehr Sinn, sie griffbereit zu haben, statt sie streng nach Schema F abzulegen.

Nehmen wir einmal an, Sie haben einen Schachtel voller Papiere, und zwar Umlagenabrechnungen (U), Ihre Geburtsurkunde (G), Versicherungspolicen (V), Bankunterlagen (B) und Wertpapiere (W). Wenn Sie ein bestimmtes Dokument suchen, müssen Sie oben im Stapel anfangen zu blättern und sich systematisch nach unten durcharbeiten.

Weiterhin gehen wir davon aus, dass die Papiere alphabetisch nach Typ geordnet sind (BGUVW). Dann brauchen Sie vielleicht zwei Minuten, bis Sie zur gesuchten Betriebskostenabrechnung kommen, vier Minuten zu einem Kontoauszug und zehn Minuten zu einem Wertpapier.

Zum Schluss gehen wir noch davon aus, dass Sie einmal pro Tag an Ihre Wertpapiere müssen, einmal pro Woche an Ihre Bankunterlagen, einmal pro Monat an Ihre Versicherungspolicen, einmal pro Jahr an Ihre Umlagenabrechnung und alle zehn Jahre an Ihre Geburtsurkunde. Dann berechnet sich die Zeit, die Sie im Laufe eines 50-jährigen Erwachsenenlebens mit Suchen verbringen, wie folgt:

$$T = \underset{\text{B}}{(50 \times 52 \times 2)} + \underset{\text{G}}{(5 \times 4)} + \underset{\text{W}}{(50 \times 6)} + \underset{\text{V}}{(50 \times 365 \times 8)} + \underset{\text{S}}{(50 \times 12 \times 10)} = 157.520 \text{ Min.}$$

Jetzt überlegen wir, was passiert, wenn man die Dokumente nach deren Nutzungsfrequenz ordnet (also in der Reihenfolge WBVUG):

$$T = \underset{\text{W}}{(50 \times 365 \times 2)} + \underset{\text{B}}{(50 \times 52 \times 4)} + \underset{\text{U}}{(50 \times 12 \times 6)} + \underset{\text{V}}{(50 \times 8)} + \underset{\text{G}}{(5 \times 10)} = 50.950 \text{ Min.}$$

Wie Sie sehen, können Sie allein dadurch, dass Sie die Dokumente nach ihrer Nutzungshäufigkeit sortieren, 106.570 Minuten, also fast 74 Tage Arbeit sparen. Das bisschen Umdenken macht sich also auf lange Sicht mehr als bezahlt.

Längeres Leben für Obst & Co.

Haben Sie sich je gefragt, warum Ihr frisch eingekaufter Fisch sich bei warmem Wetter in kürzester Zeit in übelriechendem Modder verwandelt? Schuld an dieser ärgerlichen Entwicklung sind Bakterien und andere mikroskopisch kleine Lebensmittelvernichter.

Mikroorganismen wie beispielsweise Bakterien sind so ziemlich überall zu finden – und zwar nicht nur im Dreck (oder neutraler ausgedrückt: im Boden), sondern auch in jeder Art von Lebewesen. Viele von ihnen sind an sich harmlos, können aber krank machen, wenn sie über verdorbenes Essen in den Körper gelangen.

Bakterien vermehren sich durch Zellteilung, bei der in jedem Vorgang aus jedem der kleinen Übeltäter zwei neue werden. In einem günstigen Milieu teilt sich ein *E. coli*-Bakterium (das für eine Lebensmittelvergiftung verantwortlich sein kann) alle zwanzig Minuten. Nach weiteren zwanzig Minuten sind es dann schon vier. Diese kurz getaktete Verdopplung führt zu einem rasanten Wachstum des Bakterienstammus. Nach nur zwölf Stunden kann aus einer einzigen E. coli-Zelle ein quicklebendiger Stamm von über 68 Milliarden potenzieller Krankmacher werden.

Um das zu verhindern, sollte man sich immer die Hände waschen, bevor man etwas Essbares anfasst. Aber was kann man sonst noch tun, damit Lebensmittel länger halten? Schließlich hat keiner Geld zu verschenken, und auch die Umwelt freut sich, wenn weniger für die Tonne produziert wird.

KALT HÄLT FRISCH

Lebensmittel, die im Kühlschrank aufbewahrt werden, halten länger, weil sich die Bakterien bei niedrigen Temperaturen nicht so schnell vermehren. Stellen Sie Ihr Gerät so kalt wie möglich ein (aber natürlich nur so kalt, dass nichts gefriert). Und machen Sie die Tür immer gleich wieder zu – auch, wenn Sie nur schnell Milch in den Kaffee gießen wollen.

HÄNDE WEG

Es hilft auch, direkten Kontakt mit den Lebensmitteln zu vermeiden. Halten Sie beispielsweise Ihren Käse beim Schneiden mit der Verpackung statt mit der bloßen Hand fest. Sonst bildet sich leicht Schimmel, der toxisch, also giftig sein kann. Wenn das doch mal passiert,

müssen Sie zumindest bei Hartkäse nicht gleich das ganze Stück wegwerfen. Es reicht, wenn Sie die schimmelige Stelle mit einem etwa zwei Zentimeter breiten Rand wegschneiden.

DIE SACHE MIT DEM ÄTHYLEN

Während ihres Reifungsprozesses geben Obst und Gemüse Äthylen ab. Wie schnell dieses farb- und geruchlose Gas erzeugt wird, hängt von der Temperatur ab. Bei niedrigen Temperaturen geht die Produktion gegen Null. Wenn man frische Pflanzenkost im Kühlschrank aufbewahrt, wird der Reifungsprozess rapide verlangsamt und die Sachen werden nicht so schnell schlecht. Problematisch kann es werden, wenn Sie Sorten, die viel Äthylen produzieren (wie Tomaten oder Bananen), neben Sorten lagern, die empfindlich darauf reagieren. Ein hoher Äthylengehalt im direkten Umfeld lässt beispielsweise Salat oder Brokkoli viel schneller schlecht werden, als wenn sie separat aufbewahrt werden. Außerdem sollte man alles an Obst und Gemüse sofort entsorgen, wenn es faulige Stellen hat. Dann ist die Konzentration an Äthylen nämlich besonders hoch, und das wiederum lässt auch die bislang noch guten Stücke in Rekordzeit verrotten. Es ist also durchaus was dran an dem Sprichwort von dem einen faulen Apfel, der den ganzen Korb verdirbt.

Die perfekte Luftzirkulation

SCHACH DEM SCHIMMEL

Wenn Brot gammelig wird, ist kein Bakterium, sondern Schimmel der Übeltäter. Das ist ein mikroskopisch kleiner Pilz, dessen Sporen durch die Luft übertragen werden. Auf dem Brot kann der Schimmel durch die enthaltenen Nährstoffe wachsen und gedeihen. Am besten gefällt es Schimmel in einer feuchten und warmen Umgebung. In Plastik verpackte Schnittbrote sind besonders anfällig: Das im Brot enthaltene Wasser kondensiert an der Verpackung, die Kruste weicht auf, und fertig ist der perfekte Nährboden. Am besten ist Brot in einem trockenen und sauberen Behälter aufgehoben, in dem die Luft zirkulieren kann. So behält die Brotkruste die richtige Konsistenz.

Energieeffizienz: klasse!

Immer mehr Menschen achten darauf, wie viel Strom sie Tag für Tag verbrauchen. Der Grund dafür sind nicht nur die hohen Energiepreise, sondern auch der Wunsch, selbst etwas zur Senkung des CO_2-Ausstoßes beizutragen.

STROMFRESSER IM HAUSHALT

Wie Sie sicher wissen, wird der Stromverbrauch in Kilowattstunden (kWh) gemessen. Um eine 100-Watt-Glühbirne zu betreiben, sind pro Stunde 0,1 kWh Energie nötig, was sich in zehn Stunden auf 1 kWh summiert. Die einfachste Methode, um Energie zu sparen, ist Ausschalten. Das sollten Sie immer tun, wenn Sie ein Gerät nicht benutzen. Und mit ein paar wissenschaftlichen Grundlagen wissen Sie außerdem, wie Computer & Co. besonders energieeffizient laufen.

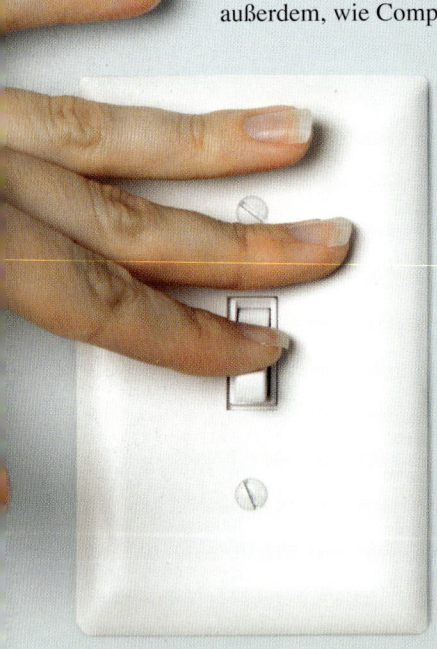

In den USA verbraucht ein Haushalt im Schnitt rund 11.049 kWh Strom pro Jahr, wobei die regionalen Werte sich zum Teil extrem unterscheiden: 2008 wurde in Tennessee ein durchschnittlicher Verbrauch von 15.624 kWh ermittelt, in Maine kamen lediglich 6.262 kWh zusammen. (Eine Kilowattstunde wurde bei der Erstveröffentlichung dieses Buches übrigens mit 10,54 Cent pro abgerechnet, was aufs Jahr gesehen eine stattliche Summe ergibt.) Sehr unterschiedlich ist auch der Verbrauch, der bei verschiedenen Elektrogeräten zu Buche schlägt. Darum ist es wichtig zu wissen, welche davon echte Stromfresser sind. Die folgende Tabelle zeigt, wie viel Strom in den USA für ausgewählte Geräte im Schnitt verbraucht wird:

Gerät jährlicher Stromverbrauch	(kWh) pro Gerät
Heizgerät	3.524*
Klimaanlage	2.796*
Warmwasserbereiter	2.552*
Pool-Heizung	2.300
Pool-Pumpe	1.500
Kühlschrank	1.239
Gefrierschrank	1.039
Beleuchtung	940*
Herd	536
Geschirrspüler	512*
Backofen	440
PC	262
Multifunktionsdrucker	216
Mikrowelle	209
Fernseher	137
Waschmaschine	120
Kaffeemaschine	116
Stereoanlage	81
Laptop	77
DVD-Spieler	70

Quelle: US Energy Information Administrat   Anmerkung: * Angaben pro Haushalt, nicht pro Gerät

STOP & GO

Wie man aus der Tabelle ablesen kann, gehören Kühl- und Gefrierschränke zu den Geräten, die in einem normalen Haushalt am meisten Strom schlucken. Allerdings ist deren Verbrauch nicht gleichbleibend hoch. Anders als ein Wasserkocher, der pro Einsatz vielleicht fünf Minuten in Betrieb ist und dafür 3 kW benötigt, läuft ein Kühlschrank in Zyklen. Wenn das Thermostat auf 6° C eingestellt ist und die Temperatur im Inneren steigt, springt das Kühlaggregat an und zieht eine beträchtliche Menge an Energie. Während das Kühlmittel durch das System gepumpt wird, absorbiert es die überschüssige Wärme im Kühlschrank und gibt diese in den Raum ab. Sobald wieder eine Innentemperatur von 6° C erreicht ist, schaltet das Aggregat ab und der Stromverbrauch sinkt auf ein Minimum.

Dieses Wissen können wir zu unserem Vorteil nutzen. Die Häufigkeit, in der das Kühlaggregat läuft, hängt nämlich direkt mit der Raumtemperatur zusammen (darum ist der Stromverbrauch im Sommer auch deutlich höher als im Winter). Wenn wir die Raumtemperatur um einen Tick senken, sparen wir nicht nur Energie, sondern verschaffen dem Kühlschrank auch ein paar zusätzliche Pausen.

Außerdem sollte die Kühlschranktür nie offen stehen. Jedes Mal, wenn das Gerät geöffnet wird, strömt warme Raumluft nach innen, die das Kühlaggregat anspringen lässt.

Der durchschnittliche Verbrauch eines Kühlschranks ist im Laufe der letzten 40 Jahre deutlich gesunken. Während ein Gerät bis 1976 noch etwa 1.800 kWh im Jahr benötigte, war es 1990 nur noch die Hälfte und um 2001 gut ein Viertel. Ein Kühlschrank von heute zieht zwischen 200 und 300 kWh pro Jahr. Wenn Sie Ihr altes Teil durch ein neues ersetzen, sparen Sie so viel Strom, dass sich die Anschaffungskosten in kürzester Zeit wieder amortisiert haben.

WENIGER BRINGT VIEL

Wasserkocher haben einen extrem hohen Strombedarf. Ein modernes Schnellkochmodell frisst in fünf Minuten etwa 3 kW. Weil das Wasser aber in kürzester Zeit kocht, ist der Verbrauch pro Stunde relativ niedrig. Wenn Sie nachdenken, bevor Sie den Kessel füllen, können Sie Ihre Energiebilanz spürbar verbessern (s. Abb. 1).

Der Bedarf an Hitze (und somit Strom) erhöht sich proportional zur Menge an Wasser, die gekocht wird. Wie viel Energie konkret gebraucht wird, verrät die spezifische Wärmekapazität von H_2O: Um einen Liter um 1° C zu erwärmen, sind 0,00116 kWh Strom nötig. Wenn Sie nur einen Becher Tee aufbrühen wollen, brauchen Sie aber viel weniger Wasser. Erhitzen Sie darum nur so viel, wie Sie wirklich brauchen – durch einfaches Abmessen sparen Sie geschätzte 75 % der Kosten.

Mit diesem Wissen lässt sich auch beim Waschen der Stromverbrauch senken. Die meiste Energie braucht Ihre Waschmaschine nämlich zum Aufheizen. Je niedriger die Differenz zwischen der Temperatur des einströmenden Wassers und der gewählten Waschtemperatur, desto weniger Strom wird benötigt. Wenn die Ausgangstemperatur des Wassers beispielsweise 20° C beträgt, sind die Kosten für einen Waschgang bei 40° C nur halb so hoch wie für einen Waschgang bei 60° C.

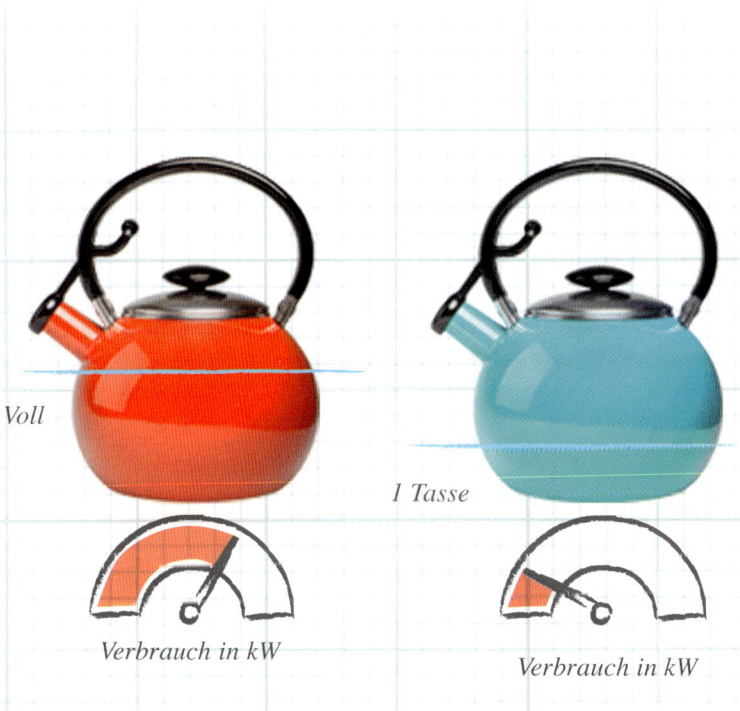

Voll

1 Tasse

Verbrauch in kW

Verbrauch in kW

Abb. 1 Stromsparpotenzial beim Wasserkochen

Geruch verduften lassen

Ob Haustiere, Küchendünste oder verschwitzte Sportklamotten – es gibt viele Ursachen, warum es in unseren vier Wänden manchmal müffelt. Diese schlechten Gerüche loszuwerden, kann eine ziemliche Herausforderung sein.

DIE WISSENSCHAFT VOM RIECHEN

Der Geruchssinn umfasst eine ganze Reihe komplizierter chemischer Reaktionen, die innerhalb der Nase stattfinden und miteinander verknüpft sind. Alles, was einen wahrnehmbaren Eigengeruch hat – zum Beispiel Parfüms, Blumen oder auch Lebensmittel – gibt durch Verdunsten oder Abstoßen von Molekülen chemische Stoffe in die Luft ab. Sobald diese in die Nase gelangen, wird ihr spezifischer Geruch dort wahrgenommen.

In der Nase sitzen Millionen so genannter olfaktorischer Rezeptoren, die man sich als eine Art Steckdose mit unterschiedlich geformten Buchsen vorstellen kann. Insgesamt gibt es davon rund 350 verschiedene Typen.

Die aromatischen Chemikalien sind die Stecker, die nur in eine bestimmte Art von Buchse passen. Wenn ein Aromat auf den richtigen Rezeptor trifft, sendet dieser ein elektrisches Signals ans Gehirn, wo er schließlich identifiziert wird.

Doch das ist nur ein Teil des komplexen Prozesses. Viele Gerüche bestehen nämlich aus einem diffizilen Mix verschiedener Geruchsstoffe. Kaffee zum Beispiel hat mehr als 800 Aromageber, die sich mit einer ganzen Reihe der besagten Steckdosen verstöpseln. Das Gehirn erkennt den spezifischen Kaffeegeruch an der ganz besonderen Kombination der aktiverten Rezeptoren. Durch diese Fähigkeit kann es etwa 10.000 verschiedene Gerüche unterscheiden.

PRO UND KONTRA LUFTERFRISCHER

Gerüche sind eine ziemlich komplexe Angelegenheit. Darum ist es auch so schwierig, sie los zu werden. Klassische Lufterfrischer sind nicht anderes als Raumparfüms. Wenn man sie in einem Zimmer versprüht, das nach Katzenklo oder gebratenem Fisch riecht, wirkt das keineswegs neutralisierend. Der Lufterfrischer überdeckt nur den als unangenehm empfundenen Geruch. Damit das möglichst gut gelingt, werden vorzugsweise kräftige Duftstoffe wie Pinie oder Zitrone eingesetzt.

Viele Lufterfrischer enthalten sogar leichte Anästhetika wie Formaldehyd. Statt den Geruch zu neutralisieren, betäuben sie den Geruchssinn.

Lufterfrischer zum Aufstellen arbeiten zum Beseitigen schlechter Gerüche oft mit Aktivkohlefiltern. Das besondere an Aktivkohle ist ihre extrem poröse Struktur, die ähnlich wie die von Holzkohle ist. Durch die vielen Hohlräume entsteht eine riesige Oberfläche, die bis zu 1.500 Quadratmeter pro Gramm betragen kann. Mit Hilfe von Absorption werden die Geruchsmoleküle auf der weit verzweigten Oberfläche gebunden und dadurch tatsächlich neutralisiert.

DIE NATÜRLICHE LÖSUNG

Wenn kommerzielle Lufterfrischer nicht Ihr Ding sind, empfehlen wir den Griff in die Hausmittelschublade. Normales Backpulver, das sonst Ihren Kuchen aufgehen lässt, ist hervorragend geeignet, um Mief zu absorbieren. Wenn der Geruchsherd feuchter Natur ist, kommt eine weitere gute Eigenschaft des Backpulvers zum Tragen: Es kann nämlich auch noch Flüssigkeiten binden.

Ein weiterer Geruchskiller aus der Küche ist Essig. Die darin enthaltene Essigsäure reagiert nämlich mit den geruchsbildenden Substanzen und hilft so, schlechte Gerüche zu beseitigen. In der Toilette funktioniert das zum Beispiel folgendermaßen: Der stechende Geruch stammt von Ammoniak. Wenn Ammoniak und Essigsäure aufeinander treffen, neutralisieren sich die Stoffe gegenseitig und es bleiben nur geruchlose Substanzen, nämlich Wasser und Salze zurück.

Denkanstoß zum Eintüten

Die besten Pool-Spieler der Welt kennen sich ziemlich gut mit Mathe und Physik aus. Sie berechnen zwar nicht unbedingt auf die Kommastelle, wie die rollenden Kugeln aufeinander klacken oder an die Bande treffen. Aber sie wissen ganz genau, wie sie ihren Queue führen müssen – und wie die Gesetze der Impuls- und Energieerhaltung ihnen beim Gewinnen helfen können.

PHYSIK ALS SPIELMACHER

Der Impuls – also der „Wunsch" eines Objekts, in Bewegung zu bleiben – ist eine exakt definierte physikalische Größe. Er berechnet sich aus der Masse, also dem Gewicht des Objekts, mal seiner Geschwindigkeit. Ein Objekt mit einer großen Masse und/oder einer hohen Geschwindigkeit hat einen hohen Impuls und ist entsprechend schwer zu bremsen. Umgekehrt kann ein leichtes und langsames Objekt relativ einfach zum Stillstand gebracht werden.

Besagter Impuls spielt eine wichtige Rolle, wenn Objekte aneinanderstoßen – wie die Kugeln auf unserem Billardtisch. Wenn Sie beispielsweise den Spielball spielen, wird die Kraft Ihres Stoßes auf ihn übertragen. Wenn der Spielball eine andere Kugel trifft, wird der Impuls (zumindest teilweise) auf diese übertragen.

Nehmen wir einmal an, dass der Spielball frontal auf eine rote Kugel trifft. Weil es sich um eine einfache Kollision handelt, wird beim Impuls die ursprüngliche Geschwindigkeit durch die Bahngeschwindigkeit ersetzt. Vor dem Zusammenstoß hat der Spielball die Geschwindigkeit s_{C1} und danach s_{C2}, die rote Kugel hat davor s_{R1} und danach s_{R2}.

Nach dem Gesetz der Impulserhaltung bleibt der Impuls auch nach der Kollision in vollem Umfang erhalten. Wenn die Masse m der beiden Kugeln identisch ist, ergibt sich folgende Gleichung:

$$ms_{C1} + ms_{R1} = ms_{C2} + ms_{R2}$$

Wenn wir durch m teilen, sieht das Ganze dann so aus:

$$s_{C1} + s_{R1} = s_{C2} + s_{R2}$$
(Gleichung A)

Die Energie aus der Bewegung eines Objekts – die so genannte kinetische Energie – wird mit $\frac{1}{2}ms^2$ berechnet. Weil nach dem Gesetz der Energieerhaltung auch die Energie nach der Kollision unverändert ist, ergibt sich folgende Gleichung:

$$\frac{1}{2}ms_{C1}^2 + \frac{1}{2}ms_{R1}^2 = \frac{1}{2}ms_{C2}^2 + \frac{1}{2}ms_{R2}^2$$

Wir teilen wieder durch m und kommen zu diesem Zwischenergebnis:

$$s_{C1}^2 + s_{R1}^2 = s_{C2}^2 + s_{R2}^2$$
(Gleichung B)

Wenn wir annehmen, dass der anvisierte Ball sich nicht bewegt (also $s_{R1} = 0$ ist), können wir die Gleichungen A und B vereinfachen:

$$s_{C1} = s_{C2} + s_{R2}$$
(Gleichung C)
beziehungsweise
$$s_{C1}^2 = s_{C2}^2 + s_{R2}^2$$
(Gleichung D)

Jetzt lösen wir Gleichung C auf:
$$s_{C1}^2 = (s_{C2} + s_{R2})\,(s_{C2} + s_{R2}) = s_{C2}^2 + s_{R2}^2 + 2\,s_{C2}\,s_{R2}$$
(Gleichung E)

Bei genauem Hinsehen fällt auf, dass sich D und E nur durch die Komponente $2\,s_{C2}\,s_{R2}$ unterscheiden. Und weil die logischerweise 0 ergeben muss, bedeutet das, dass entweder s_{R2} oder s_{C2} ebenfalls 0 sein muss.

VON DER THEORIE IN DIE PRAXIS

Die Annahme $s_{R2} = 0$ bezieht sich auf die Situation unmittelbar vor der Kollision, die Annahme $s_{C2} = 0$ auf die Situation direkt danach. Letztere ist wesentlich interessanter, weil dabei der Spielball nach der Kollision eine Geschwindigkeit von 0 hat, also bewegungslos ist. Was aber passiert mit der roten Kugel? Wenn man $s_{C2} = 0$ in die Gleichung einfügt, ergibt sich, dass $s_{R2} = s_{C1}$ ist. Und das bedeutet, dass die rote Kugel sich in derselben Geschwindigkeit bewegt, die zuvor der Spielball hatte.

Dasselbe Schema lässt sich auch anwenden, wenn zwei Billardkugeln sich streifen. In diesem Fall ist allerdings einzukalkulieren, dass die Geschwindigkeit nicht nur eindimensional ist. Weil Winkel involviert sind, müssen wir zweidimensional denken und die vektoriale Eigenschaft der Geschwindigkeit in Betracht ziehen – also nicht nur den Impuls und die Masse, sondern auch die Richtung, in der die Kugel rollt.

Soweit die Partie Pool auf dem Papier. Beim richtigen Spiel muss man allerdings den Reibungsverlust durch den Filz auf dem Tisch berücksichtigen. Und ein kleines Bisschen Energie geht in der Realität noch beim Zusammenstoß der Kugeln verloren (was sich in einem satten „Klack" der Kugeln manifestiert).

DER PERFEKTE WINKEL

In der schematisierten Partie, die Sie unten sehen (Abb. 1), haben wir den Spielball *S* und die schwarze Kugel *K* genannt.

Wenn wir beim Spiel einlochen wollen, muss der mit dem griechischen Buchstaben *Theta* beschriftete Winkel, in dem der Spielball *S* auf die Kugel *K* trifft, genau stimmen. In unserem Beispiel liegen die beiden Kugeln so, dass er genau 90 Grad beträgt.

Für unseren Stoß denken wir uns zunächst eine Linie, die von der Mitte der schwarzen Kugel direkt in die Tasche verläuft (der mit *a* beschriftete Pfeil). Dann stellen wir uns vor, wie der Spielball zur Kugel rollen muss, damit sich die Außenkanten im rechten Winkel treffen. Die Laufrichtung wird mit dem Queue bestimmt: Wenn Sie links von der Mitte auf die Kugel zielen, geht sie nach rechts und umgekehrt. Um eine Kugel mit einem geraden Stoß zu versenken – zum Beispiel in eine Seitentasche – müssen Sie genau ihre Mitte treffen.

Abb. 1: Der Stoß in die Tasche

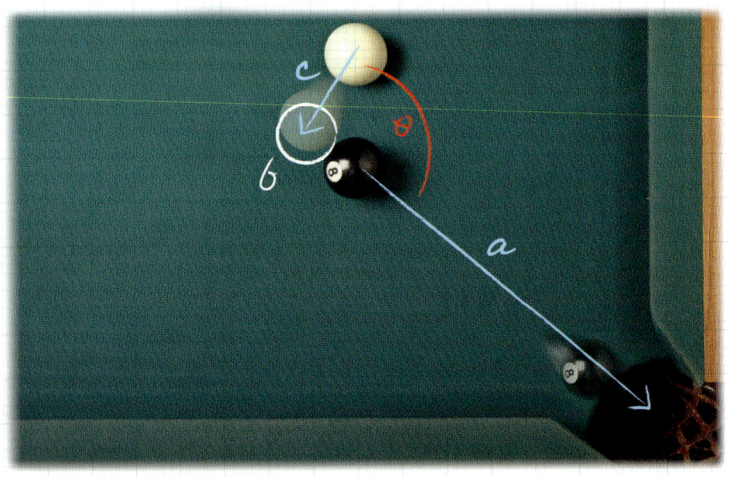

Abb. 2: Der Stoß an die Bande

DAS SPIEL MIT DER BANDE

Mit Hilfe der Physik kann man natürlich auch bestimmen, wie sich eine Kugel verhält, wenn sie auf die Bande trifft. Dabei wenden wir wieder das Gesetz der Impulserhaltung an. Wenn es sich um einen elastischen Stoß handelt (bei der Kollision also keine kinetische Energie verloren geht), prallt die Kugel von der Bande ab wie ein Lichtstrahl, der auf einen Spiegel trifft. Der Aufprallwinkel a und der Abprallwinkel b sind identisch (s. Abb. 2).

Dieses Wissen ist besonders hilfreich, wenn eine Kugel durch eine andere blockiert wird. Mit dem richtigen Winkel kann man seine Zielkugel dann meist problemlos spielen.

Auf die richtige Karte setzen

Viele glauben, dass man beim Kartenspielen einfach nur Glück braucht. Tatsächlich entscheidet aber meist die Wahrscheinlichkeit, ob man einen Stich macht oder eben nicht. Wenn Sie wissen, was es mit der Probabilität auf sich hat, können Sie Ihre Gewinnquote erheblich steigern.

DIE SACHE MIT DER WAHRSCHEINLICHKEIT

Die Wahrscheinlichkeit, dass etwas passiert – dass Sie zum Beispiel eine bestimmte Karte ziehen – errechnet sich aus der Anzahl der Erfolge geteilt durch die Anzahl aller möglichen Fälle. Wie stehen also die Chancen, aus einem Blatt mit 52 Karten ein Ass zu ziehen?

Wahrscheinlichkeit, ein Ass zu ziehen =
Asse im Blatt / Karten im Blatt = 4/52 = 0,077 oder 7,7 %

Wenn man verschiedene Wahrscheinlichkeiten kombiniert, werden diese multipliziert, wenn sie untereinander in Bezug stehen, und addiert, wenn nicht.

In unserem Beispiel reduziert sich nach dem Ziehen des ersten Asses die Anzahl der Karten auf 51. Die Wahrscheinlichkeit, eines der drei verbleibenden Asse zu ziehen, berechnet sich wie folgt:

$$4/52 \times 3/51 = 0{,}0045 = 0{,}45\,\%$$

Um zu berechnen, wie hoch die Chancen sind, ein Ass oder eine Zwei aus einem vollen Blatt zu ziehen, werden die beiden Wahrscheinlichkeiten addiert:

$$\text{Wahrscheinlichkeit, ein Ass ODER eine Zwei zu ziehen} =$$
$$4/52 + 4/52 = 0{,}154 \text{ or } 15{,}4\,\%$$

BLACKJACK-BASICS

Mit ein wenig Mathematik können wir unsere Gewinnchancen also halbwegs realistisch einschätzen. Und zwar, indem wir berechnen, wie hoch die Wahrscheinlichkeit ist, einen Blackjack auf die Hand zu bekommen (also ein Ass und eine Karte mit dem Wert 10). Von letzteren gibt es in dem 52-er Blatt insgesamt 16 (Zehn, Bube, Dame und König jeweils in Pik, Herz, Karo und Kreuz). Und so sieht die entsprechende Gleichung aus:

$$4/52 \times 16/51 + 16/52 \times 4/51 = 0{,}048 = 4{,}8\,\%$$
Die Wahrscheinlichkeit für einen Blackjack liegt also bei 4,8 Prozent.

VON DER RECHNUNG ZUR TAKTIK

Der Trick beim Spielen ist es, aus der Wahrscheinlichkeit eine Spielstrategie zu entwickeln, mit der man entscheidet, ob man eine weitere Karte nimmt oder nicht. Die Berechnung der vielen möglichen Wahrscheinlichkeiten hat uns schon eine Gruppe Statistiker abgenommen. Im *Journal of the American Statistical Association* vom September 1956 wurde eine Abhandlung von R. Baldwin und Kollegen zur optimalen Blackjack-Strategie für Einzelblattspiele veröffentlicht. Bei Spielen mit mehr als einem Blatt ist eine andere Strategie erforderlich.

Die Essenz ihrer Fleißarbeit zeigt die nachfolgende Tabelle. Die Zeile ganz oben steht für die aufgedeckte Spielkarte des Gebers, die beiden Zeilen darunter für den Gesamtwert der Karten, die Sie selbst auf der Hand haben. Die „weiche" Zeile ganz unten in der Tabelle ist Ihre Referenz, wenn Sie ein oder mehr Asse auf der Hand haben, ansonsten halten Sie sich an die „harte" Zeile.

Wenn der Gesamtwert Ihrer Karten die ermittelte Zahl in der Tabelle nicht übersteigt, können Sie beim Spiel noch eine Karte nehmen. Wenn er höher liegt, sollten Sie besser aussteigen.

Spielkarte des Gebers										
	2	3	4	5	6	7	8	9	10	1, 11
Minimaler Gesamtwert (hart)	13	13	12	12	12	17	17	17	17	17
Minimaler Gesamtwert (weich))	18	18	18	18	18	18	18	17	17	18

TEXAS HOLD 'EM

In „Texas hold 'em" bekommt jeder Spieler zwei verdeckte Karten als Starthand. Fünf Karten werden offen in die Mitte des Spieltischs gelegt – zuerst ein Dreiersatz Flop-Karten, dann die Turn-Karte und zuletzt die River-Karte. Vor jedem Austeilen findet eine Wettrunde statt.

Ziel des Spiels ist es, mit fünf Karten (aus den beiden eigenen und drei von den offenen Karten) den höchsten Gesamtwert zu erzielen. Die Rangfolge der Blätter ist dieselbe wie beim Poker: Royal Flush, Straight Flush, Vierling, Full House, Flush, Straße, Drilling, zwei Paare, Zwilling, höchste Karte.

DIE SACHE MIT DEN OUTS

Bei „Texas hold 'em" muss man abschätzen, ob im Reststapel noch Karten sind, die man für das angepeilte Blatt braucht (die so genannten Outs). Nehmen wir mal an, Sie haben zwei Herzkarten, und bei der Flop-Runde werden zwei Herzen und ein Karo aufgedeckt. Mit unserer Formel können Sie berechnen, wie groß die Wahrscheinlichkeit ist, dass die Turn- oder River-Karte wieder ein Herz ist und Ihnen somit einen Flush beschert.

Weil noch neun von den 13 Herzkarten übrig bleiben (zwei haben Sie auf der Hand und zwei liegen als Flop-Karten auf dem Tisch), liegt die Wahrscheinlichkeit, dass die Turn-Karte Herz ist, bei 9/47, also 0,1915 beziehungsweise 19,15 Prozent.

Wenn die Turn-Karte eine andere Farbe hat, liegt die Chance, dass die in der nächsten Runde aufgedeckte River-Karte ein Herz ist, bei 9/46, also 0,1957 beziehungsweise 19,57 Prozent.

Die folgende Tabelle zeigt, wie die Gewinnchancen bei einer unterschiedlichen Anzahl von Outs stehen. Um Sie zu nutzen, müssen

Sie nur überlegen, wie viele Karten noch im Stapel sein könnten, die Sie für Ihr Wunschblatt brauchen. Wenn beispielsweise schon drei Asse im Spiel sind (auf Ihrer Hand oder als Flop-Karte), kann nur noch ein Ass im Stapel sein, mit dem Sie einen Vierling zusammen bekämen. Die Anzahl der Outs beträgt also eins, und die Chance, dass Sie das Ass bei der Turn- oder der River-Runde bekommen, steht laut Tabelle bei 4,26 Prozent.

Outs	Chance auf fehlende Karte beim Turn (T) = Outs / 47	Chance auf fehlende Karte beim River (R) = Outs / 46	Chance auf fehlende Karte beim Turn ODER River = 100% − (100 − T) x (100 − R)
1	2.13%	2.17%	4.26%
2	4.26%	4.35%	8.42%
3	6.38%	6.52%	12.49%
4	8.51%	8.70%	16.47%
5	10.64%	10.87%	20.35%
6	12.77%	13.04%	24.14%
7	14.89%	15.22%	27.84%
8	17.02%	17.39%	31.45%
9	19.15%	19.57%	34.97%
10	21.28%	21.74%	38.39%
11	23.40%	23.91%	41.72%
12	25.53%	26.09%	44.96%
13	27.66%	28.26%	48.10%
14	29.79%	30.43%	51.16%
15	31.91%	32.61%	54.12%
16	34.04%	34.78%	56.98%
17	36.17%	36.96%	59.76%
18	38.30%	39.13%	62.44%
19	40.43%	41.30%	65.03%
20	42.55%	43.48%	67.53%

ZWEI UND VIER

Besonders einfach lässt sich die Wahrscheinlichkeit, eine bestimmte Karte zu bekommen, mit der Zwei-und-vier-Regel berechnen. Wie Sie sehen, entsprechen die Zahlen in den ersten beiden Spalten ungefähr dem Ergebnis, das man beim Multiplizieren der Outs-Anzahl mit der Zahl Zwei erhält; die letzte Spalte korrespondiert mit dem Ergebnis aus der Outs-Anzahl und der Zahl Vier.

Was man außerdem noch kalkulieren muss, ist die Wahrscheinlichkeit, ob sich ein Wetteinsatz lohnt. Wenn im Pot (also im Wetttopf) 100 € sind und der Wetteinsatz 10 € beträgt, liegt die Wahrscheinlichkeit bei 10 € / 100 €, also bei 10 Prozent. Wenn Ihre Karten-Wahrscheinlichkeit (also die Chance, die noch fehlende Karte zu bekommen) deutlich höher als die Pot-Wahrscheinlichkeit liegt, sollten Sie mitgehen (also den Einsatz ihres Gegners halten). Falls nicht, ist es klüger, zu passen.

Grundsätzlich sollte man bei einem Spiel nicht vergessen, dass die Bank – oder der Geber – fast immer gewinnt. Mit ein wenig Wahrscheinlichkeitsrechnung lassen sich die eigenen Chancen aber ein wenig steigern – oder zumindest die Verluste in Grenzen halten.

Der intelligente Dreh

Seit über 200 Jahren gibt es bereits Lebensmittel in Gläsern. Das verdanken wir Napoleon Bonaparte und seiner Überzeugung, dass eine Armee besser mit vollem Magen marschiert. Um sein Versorgungsproblem zu lösen, schrieb er nämlich einen Preis von 12.000 Francs aus. Gewinner war der Konditor Nicolas Appert, der die clevere Konservierungsmethode 1795 austüftelte.

Seine Idee mit den Gläsern funktionierte deshalb so gut, weil der Franzose einen Weg fand, sie zu versiegeln. Er füllte die Behälter bis knapp unter den Rand, verkorkte und versiegelte sie und kochte das Ganze dann im Wasserbad.

LEBENSMITTEL UNTER DRUCK

Der Trick bei der Vakuumversiegelung ist folgender: Durch das Kochen wird die verbleibende Luft aus dem Glas gedrückt. Wenn das Gargut abkühlt, entsteht ein Unterdruck, der den Behälter hermetisch verschließt.

Das so entstandene Vakuum hat gleich zwei Vorteile: Es sorgt dafür, dass der Verschluss fest sitzt. Und es verhindert, dass Bakterien eindringen, die den Inhalt verderben könnten.

Einen großen Nachteil hat das Vakuum allerdings auch: Es kann extrem schwierig sein, den Deckel des Glases aufzubekommen. Zum Glück gibt es eine Reihe von Tricks, mit denen das zuverlässig gelingt.

Abb. 1 Der Trick mit dem Wasser

DER HEISSE TIPP

Lassen Sie heißes Wasser über den Deckel laufen. Verschiedene Materialien dehnen sich nämlich unterschiedlich schnell aus, wenn die Temperatur steigt. Bei unserer Konserve nutzen wir die Tatsache, dass Metall etwas schneller auf Hitze reagiert als Glas. So dehnt sich der Deckel gerade so viel vom Behälter weg, dass man ihn leicht aufdrehen kann (s. Abb. 1).

Als verstärkender Effekt wirkt eine weitere physikalische Gegebenheit: Das Metall des Deckels hat eine deutlich höhere thermische Leitfähigkeit als Glas. Und das bedeutet, dass sich der gesamte Deckel viel schneller aufheizt.

KLOPF UND PLOPP

Das Vakuum kann man auch mit sanfter Gewalt lösen. Nehmen Sie ein solides Messer aus Ihrem Besteckkasten und klopfen Sie mit dem Griff den Deckelrand entlang. Weil dadurch der Deckel leicht verformt wird, kommt Luft in das Glas und Sie können es leichter öffnen.

REIBUNG ERZEUGT GENUSS

Die meisten Metalldeckel sind glatt und machen lassen sich darum nicht richtig packen. Für einen festen und sicheren Griff muss man die Reibung zwischen der Hand und dem Deckel erhöhen.

Gummi ist ein besonders rutschfestes Material. Ziehen Sie einfach ein paar Gummihandschuhe an. Dadurch sollte sich das Glas leicht öffnen lassen. Wenn Sie keine zur Hand haben, tut es auch ein breites Gummiband oder ein feuchtes Spültuch über dem Deckelrand.

SPÄTER KLAPPTS BESSER

Wenn Sie Ihr Marmeladenglas morgens nicht aufbekommen, sollten Sie es später am Tag einfach noch einmal probieren. Bei den meisten Menschen sind die Muskeln nach dem Aufstehen noch nicht so leistungsfähig wie sonst. Noch mehr ist das der Fall, wenn Sie am Abend zuvor Alkohol getrunken haben und ein wenig dehydriert sind.

DIE HAMMERMETHODE

Diese Methode klingt dramatischer als sie ist. Sie brauchen dafür nämlich gar keinen Hammer. Stattdessen halten Sie das Glas in der Hand, die Sie nicht zum Schreiben benutzen. Schlagen Sie mit der anderen Hand fest auf den Boden des Glases (s. Abb. 2). Der Hammereffekt treibt den Glasinhalt gegen den Deckel und drückt ihn so ein wenig auf. Weil dabei ein wenig Luft in das Innere gelangt, lässt sich das Glas lässt leicht aufschauben.

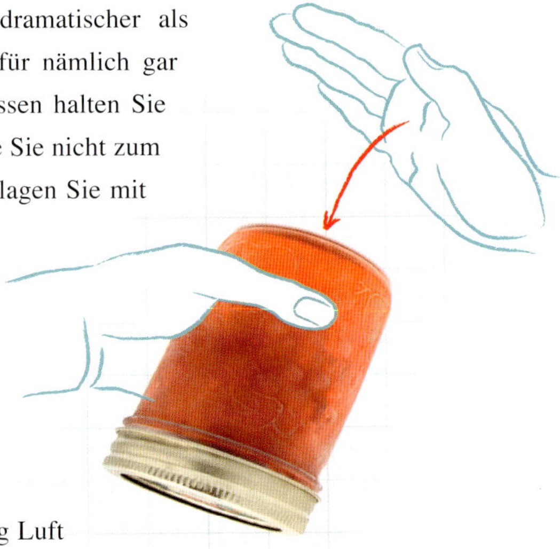

Abb. 2 Der kräftige Schlag auf den Glasboden

Falsches Spiel auf der Kirmes

Hatten Sie auch schon mal den Eindruck, dass die Kids mit den riesigen Kuscheltieren auf dem Arm von den Budenbesitzern bezahlt werden, damit Sie auf dem Rummelplatz Reklame laufen? Da geht es Ihnen nicht alleine so.

In gewisser Weise sind Jahrmarktsspiele legalisierter Schwindel. Viele sind so konzipiert, dass man kaum eine Chance hat, zu gewinnen. Wenigstens sind die Tricksereien einigermaßen unterhaltsam, und dafür bezahlen die meisten von uns ja gern. Wir möchten Ihnen jetzt zeigen, bei welchen Spielen es sich lohnt, sein Glück zu versuchen, und bei welchen nicht.

FINGER WEG

An Buden, wo man einen Basketball durch einen Reifen werfen muss, können Sie sich Ihr Geld sparen. Der Reifen ist nämlich meistens leicht oval, und darum passt der Ball ganz einfach nicht durch. Weil ein Kreis aus fast jedem Blickwinkel verzerrt aussieht, kann man diese Gaunerei aber nicht so leicht durchschauen.

DER TRICK MIT DER IMPULSERHALTUNG

Die hohe Kunst des Rummelplatzschwindels zeigt sich vor allem bei Wurfspielen wie Dosenwerfen. Um einen Preis zu gewinnen, muss man alle Dosen vom Regal fegen. Das Problem dabei ist, dass die unteren Dosen mehr wiegen als die oberen. Nach dem Gesetz der Impulserhaltung stehen Gewicht und Geschwindigkeit von Wurfobjekt und getroffenem Objekt in direktem Zusammenhang. Wenn ein leichter und langsamer Ball ein schweres Objekt trifft, wird sich dieses nach dem Aufprall noch langsamer bewegen als der Ball. Wenn Sie sich an diesem Spiel also versuchen wollen, zielen Sie unbedingt auf

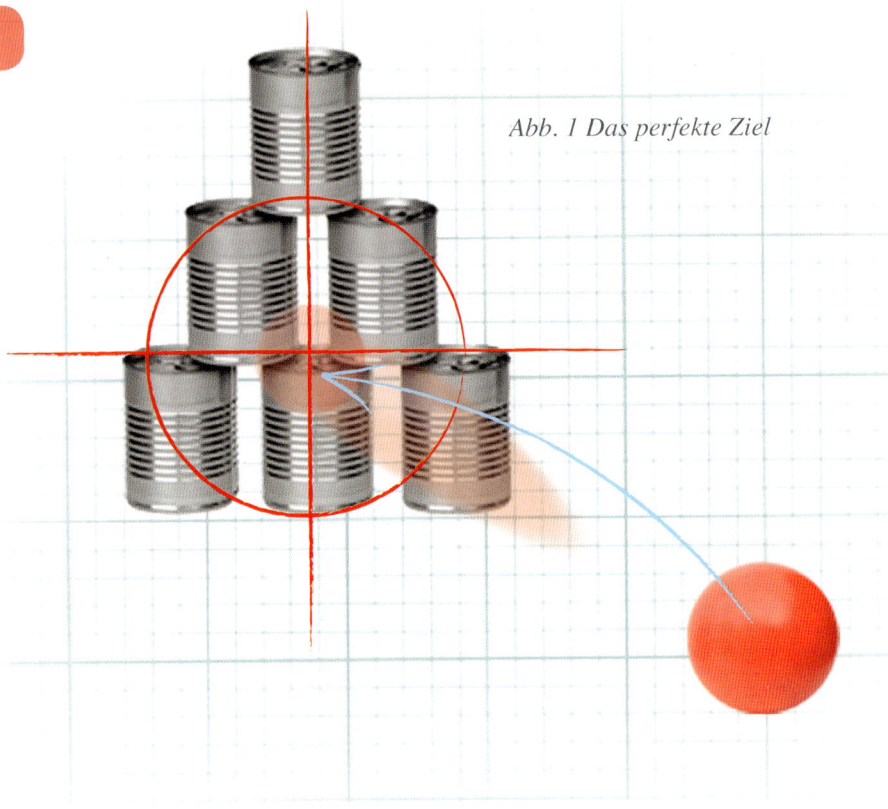

Abb. 1 Das perfekte Ziel

die Oberkante der unteren Dosen und werfen Sie den Ball so fest, wie sie können (s. Abb. 1). Das ist ihre einzige Chance, zu gewinnen.

ZUSCHAUEN UND LERNEN

Ähnlich trübe sind die Aussichten, beim Ringwerfen als Sieger nach Hause zu gehen. Die Ringe sind nur so groß, dass sie gerade eben über die aufgestellten Preise passen. Erschwerend kommt hinzu, dass der Sockel oft mit Stoff umwickelt ist und der Ring beim Herunterfall-en daran hängen bleibt. Bitten Sie den Budenbesitzer, für Sie einen Demonstrationswurf zu machen (und nicht nur den Ring über ein Objekt zu legen). Der weiß nämlich genau, in welchem Winkel man werfen muss, damit der Ring auch wirklich über den Sockel geht. Und weil er beweisen will, dass keine Mauschelei im Spiel ist, wird er das auch gerne tun. Bei ihm können Sie sich die optimale Technik abschauen. Vermeiden Sie bei Ihren eigenen Versuchen aber Würfe auf die teuersten Preise. Weil die nicht gerne vergeben werden, sind sie besonders trickreich aufgebaut.

PROBIEREN GEHT ÜBER STUDIEREN

An der Schießbude haben sich schon viele versucht. Aber egal, wie gut man zielt: Man schießt immer vorbei. Das liegt daran, dass das Visier (nicht selten absichtlich) falsch ausgerichtet ist. Machen Sie einfach einen Probeschuss. Mit seiner Hilfe können Sie abschätzen, wie sie die Schussrichtung korrigieren müssen.

LANGSAM ANGEHEN

Ein weiteres Jahrmarktsspiel, das sich die Gesetze der Physik zunutze macht, ist das Eimerwerfen. Dabei muss man (wie der Name schon sagt) einen Ball in einen Eimer werfen, ohne dass er wieder herausspringt. Und das passiert eigentlich meistens, weil der Eimer schief steht und zu allem Übel der Boden auch noch ziemlich nachfedert.

Mit ein wenig Physik kann man das Spiel aber doch gewinnen. Werfen Sie den Ball vor allem so langsam wie möglich. Der elastische Boden wird dann so viel von der Hinflug-Energie auffangen, dass für den Rückflug aus dem Eimer nicht genug übrig bleibt. Versuchen Sie außerdem, dem Ball eine kleine Drehung zu geben. Durch diesen Trick landet er – mit ein wenig Glück – nach dem ersten Auf prall an der Eimerwand.

Wenn Ihnen also beim nächsten Mal jemand weis machen will, dass auf dem Rummelplatz alles mit rechten Dingen zugeht, wissen Sie jetzt, dass dem nicht so ist. Und können trotzdem Ihren Spaß haben.

Würfeln mit Aussicht auf Gewinn

Das Strategiespiel Risiko, das schon seit über 50 Jahren auf dem Markt ist, zieht jung und alt noch immer in seinen Bann. Aufgabe der Spieler ist es, mit ihren Armeen Kontinente oder gleich die ganze Welt zu befreien. Risiko-Neulingen wird ziemlich schnell klar, dass man wirklich eine gute Taktik braucht, wenn man gewinnen will.

Der Kampf wird bei Risiko mit Würfeln ausgetragen, wobei mit jedem Würfel eine Armee bewegt werden kann. Der Spieler, der an der Reihe ist, kann ein benachbartes Land als Ziel seiner Befreiungsaktion auswählen. Zum Vorrücken darf er als Angreifer bis zu drei Würfel verwenden (vorausgesetzt, dass er es mit mindestens vier gegnerischen Armeen zu tun hat). Dem Besatzer des Landes stehen zur Verteidigung je nach der Zahl seiner im Land stationierten Armeen maximal zwei Würfel zu.

Nach dem Würfeln werden die geworfenen Augen miteinander verglichen. Dabei beginnt man mit der jeweils höchsten Augenzahl. Der Angreifer gewinnt, wenn seine Zahl höher ist als die des Besatzers. Ansonsten – oder im Fall eines Gleichstands – hat der Verteidiger gewonnen.

KALKULIERTES RISIKO

Es gibt natürlich mehr als nur eine Strategie, die man bei Risiko anwenden kann. Bei unserer Betrachtung konzentrieren wir uns auf die Würfel. Wie bei vielen Spielen basiert der Erfolg auch hier auf simpler Wahrscheinlichkeit. Schauen wir uns also mal einen einzelnen Würfelwurf an:

Für jede Schlacht gibt es 36 mögliche Ergebnisse, wie die Tabelle auf der nächsten Seite zeigt. Wenn der Verteidiger 21 davon zu seinen

		Würfe des Angreifers					
		1	2	3	4	5	6
Würfe des Verteidigers	1	V	A	A	A	A	A
	2	V	V	A	A	A	A
	3	V	V	V	A	A	A
	4	V	V	V	V	A	A
	5	V	V	V	V	V	A
	6	V	V	V	V	V	V

V = Verteidiger gewinnt; A = Angreifer gewinnt

Gunsten verbuchen kann, steht seine Chance, die Schlacht zu gewinnen, bei 21/36 beziehungsweise 58,3 Prozent. Damit hat er scheinbar einen Vorteil. Der wird allerdings durch die Tatsache ausgeglichen, dass der Angreifer einen Würfel mehr zum Werfen hat.

Die Tabelle auf der folgenden Seite zeigt alle Wahrscheinlichkeiten für jeden möglichen Ausgang einer Schlacht. Die 58,3 Prozent, die wir gerade errechnet haben, stehen in der zweiten Zeile der ersten Spalte. Normalerweise ergibt die Summe der jeweiligen Gewinnwahrscheinlichkeiten einer Schlacht natürlich 100 Prozent. Durch die gerundeten Zahlen können aber kleine Abweichungen vorkommen.

			Angreifer		
			Ein Würfel	Zwei Würfel	Drei Würfel
Verteidiger	Ein Würfel	Gewinn Angreifer	41.7%	57.9%	66.0%
		Gewinn Verteidiger	58.3%	42.1%	34.0%
	Zwei Würfel	Gewinn Angreifer	25.5%	22.8%	37.2%
		Gewinn Verteidiger	74.5%	44.8%	29.3%
		unentschieden	—	32.4%	33.6%

ANGRIFF UND VERTEIDIGUNG

Wenn Sie als Angreifer einen Spielzug machen und alle Optionen einer Schlacht berücksichtigen, ist die Wahrscheinlichkeit auf Ihrer Seite: Mit ihrer Hilfe können einschätzen, ob sich das Risiko lohnt oder ob Sie lieber eine günstigere Situation abwarten sollten. Wenn Sie den Kampf aufnehmen wollen, werfen Sie immer alle drei Würfel. Dadurch erhöht sich nämlich die Chance, dass Sie mehr Augen haben als Ihr Gegner. Die Ausnahme dieser Regel tritt in Kraft, wenn das angepeilte Land in einer Sackgasse liegt. Dann machen Sie nur zwei Würfe, damit Sie nicht mehr Armeen als nötig ins Abseits bewegen müssen (wo diese für andere Schlachten ziemlich nutzlos sind).

Auch der Verteidiger sollte möglichst mit allen Würfeln in die Schlacht ziehen. Wenn der Angreifer mit drei Würfeln spielt, ist die Gewinnwahrscheinlichkeit mit einem Würfel zwar höher, wie Sie in der Tabelle sehen können. Dafür hat man mit zwei Würfeln aber doppelt so viele Gelegenheiten, seinen Gegner zu besiegen.

Schauen wir uns das Ganze mal unter einem anderen Aspekt an: Wenn der Verteidiger mit nur einem Würfel spielt, ist auch nur eine seiner Armeen im Spiel. Weil dann die Gewinnwahrscheinlichkeit für den Angreifer bei 66 Prozent liegt, verliert der Verteidiger pro

Spielzug im Schnitt 0,66 Armeen. Wenn der Verteidiger mit zwei Würfeln spielt, berechnet sich die Verlustwahrscheinlichkeit für zwei Spielrunden wie folgt: 37,2 % x 2 (wenn der Angreifer beide Runden gewinnt) + 33,6 % x 1 (wenn es unentschieden steht) = 1,08. Wenn man diese Zahl durch zwei teilt, ergibt sich ein durchschnittlicher Verlust von 0,54 Armeen pro Spielrunde. Und genau darum sollte man immer mit zwei Würfeln kontern.

VON ZUHAUSE INS CASINO

Die Analyse aller Möglichkeiten ist eine Methode, die man auch auf andere Würfelspiele anwenden kann – zum Beispiel auf Craps, das viele aus der Spielbank kennen. Bei Craps spielt der Shooter mit zwei Würfeln gegen die Bank. Wenn er bei seinem ersten Wurf (dem Come-out) eine 7 oder eine 11 erzielt, ist das Spiel zu Ende. Jeder, der auf „Pass" gesetzt hat, gewinnt (der Shooter sogar den doppelten Einsatz). Wer seinen Einsatz auf das Feld „Don't pass" geschoben hat, geht leer aus.

Ein Come-out-Wurf mit einem Wert von 2, 3 oder 12 ist ein Craps. In diesem Fall ist das Spiel ebenfalls vorbei, und die Einsätze auf „Don't pass" gewinnen.

Alle andere Come-out-Würfe (4, 5, 6, 8, 9 oder 10) sind ein Point, nach dem der Shooter weiterwürfeln darf. Wenn er noch einmal dieselbe Zahl wirft, ist das Spiel zu Ende, und die Pass-Einsätze gewinnen. Wirft der Shooter eine 7, ist das Spiel ebenfalls vorbei, allerdings gewinnt dann „Don't pass". Bei allen anderen Zahlen wird weitergewürfelt.

In der folgenden Tabelle sind alle Augen gelistet, die man mit zwei Würfeln werfen kann.

	Würfel 1					
	1	2	3	4	5	6
1	2	3	4	5	6	7
2	3	4	5	6	7	8
3	4	5	6	7	8	9
4	5	6	7	8	9	10
5	6	7	8	9	10	11
6	7	8	9	10	11	12

(Würfel 2 ist die Beschriftung der linken Spalte)

Wie Sie sehen, gibt es 36 mögliche Resultate, die der Shooter erzielen kann, und sechs Kombinationen, die zusammen sieben ergeben. Darum ist die Wahrscheinlichkeit, eine Sieben zu werfen, 6/36 oder 1/6, also 16,66 Prozent. Die Chance auf eine Elf steht bei 2/36 oder 1/18, also 5,55 Prozent.

Nach diesem Schema können Sie auch ermitteln, wie häufig Sie wohl eine doppelte Vier, Fünf, Sechs, Acht, Neun oder Zehn werfen, bevor eine Sieben auf dem Tisch landet. Wenn Sie alle Ergebnisse addieren, liegt die Wahrscheinlichkeit für den Gewinn einer Pass-Wette bei 49,29 Prozent. Das wiederum bedeutet, dass die Bank in 50,71 Prozent der Fälle die Einsätze einstreicht. Wenn Sie mit 100 € ins Rennen gehen, würden Sie also im Schnitt 1,42 € pro Runde verlieren. Wenn Sie dasselbe für Don't-pass-Einsätze ausrechnen (bei der die Zahlen Zwei, Drei und Zwölf von Interesse sind) und dabei in Betracht ziehen, dass Sie bei einer nachfolgenden Zwölf nur den einfachen statt den doppelten Einsatz gewinnen, liegt der durchschnittliche Verlust bei 1,40 €. Das Casino gewinnt also immer.

Zahlenrätsel leichter knacken

So mancher unter uns hat sich an den Rätselseiten seiner Lieblingzeitschrift schon die Zähne ausgebissen. Dabei muss man keinen IQ wie ein Wunderkind haben, um das eine oder andere davon zu schaffen. Mit ein wenig Mathematik findet man auch so die richtige Lösung.

REIHE MIT RÄTSEL

Zahlenrätsel gibt es in den unterschiedlichsten Variationen. Ihr gemeinsamer Nenner sind meist Zahlenreihen, die man auf die eine oder andere Weise ergänzen muss – wie zum Beispiel in der folgenden Sequenz:

$$1 \quad 3 \quad 6 \quad 10 \quad 15 \quad 21 \quad 28 \ldots$$

DIE FORMEL ZUM ERFOLG

Statt Ihre Zeit mit Raten zu vergeuden, welche Zahl wohl die richtige ist, können Sie auch die Mathematik nutzen, um das Rätsel zielstrebig zu lösen. Nummernfolgen wie die im oben genannten Beispiel sind normalerweise das, was Mathematiker eine arithmetische Reihe nennen. Diese zeichnet sich dadurch aus, dass die Differenz zwischen den verschiedenen Zahlen immer dieselbe ist. Die Folge *2, 4, 6, 8, 10, 12* und so weiter ist also eine arithmetische Reihe, weil die jeweils nachfolgende Zahl immer um die Zahl Zwei größer ist.

Durch die Berechnung der sukzessiven Differenz (also der Differenz zwischen den einzelnen Zahlen) können wir herausfinden, welche Nummer die nächste in der Folge sein muss. Die Ergebnisse schreibt man wie im folgenden Beispiel am besten versetzt darunter:

$$1 \quad 3 \quad 6 \quad 10 \quad 15 \quad 21 \quad 28 \ldots$$
$$2 \quad 3 \quad 4 \quad 5 \quad 6 \quad 7$$

Dadurch erkennt man schnell, welches Schema dahinter steckt. Hier erhöht sich die Differenz zwischen den Zahlen immer um die Zahl Eins. Demnach muss die nächste Zahl in der Reihe also $28 + 8 = 36$ sein. Diesen regelmäßigen Anstieg in der Folge können wir auch als Gleichung darstellen. Mit deren Hilfe kann man jede beliebige Zahl der Reihe bestimmen, ohne dass man jeden einzelnen Zwischenschritt berechnen muss. Für arithmetische Reihen gilt immer die folgende Formel:

$$a_n = a_1 + (n - 1)d$$

Das bedeutet, dass sich die *n*-te Zahl der Folge (in der Formel a_n) aus der Summe der ersten Zahl der Reihe *(a₁)* und der regelmäßigen Differenz *(d)* mal *n – 1* errechnet. Bei der Reihe *2, 4, 6, 8, 10, 12* ist $a_1 = 2$ und $d = 2$. Daraus ergibt sich, dass $a3 = 2 + (3 - 1) x 2$, also *2 + (2 x 2) = 6* sein muss.

Abstrahiert sieht die arithmetische Sequenz also folgendermaßen aus:

$$a_1 \quad a_1 + d \quad a_1 + 2d \quad a_1 + 3d \quad \ldots$$

Alternativ lässt sich das auch noch in der gestaffelten Schreibweise darstellen:

$$a_1 \quad a_1 + d \quad a_1 + 2d \quad a_1 + 3d \quad \ldots$$
$$d \qquad d \qquad d$$

Damit wird es noch einfacher, arithmetische Reihen mit einer regelmäßigen Differenz zu berechnen.

Wenn Sie also wissen wollen, wie die zehnte Zahl der Folge aussieht, müssen Sie nur die Zahlen in die einfache Gleichung einfügen:

$$2 + (9 \times 2) = 20$$

VON DER PFLICHT ZUR KÜR

Weniger leicht zu durchschauen ist diese Sequenz:

$$1 \quad 2 \quad 6 \quad 15 \quad 31 \quad 56 \dots$$

Wenn wir die Methode der sukzessiven Differenz anwenden, sieht das Ganze dann so aus:

$$\begin{array}{cccccc} 1 & 2 & 6 & 15 & 31 & 56 \dots \\ & 1 & 4 & 9 & 16 & 25 \end{array}$$

Wie Sie sehen, ist der Unterschied zwischen den Zahlen nicht immer derselbe. Es gibt trotzdem ein Muster, das aber nicht so offensichtlich ist (es sei denn, dass Sie in der zweiten Reihe auf Anhieb die ersten fünf Quadratzahlen erkennen). Fügen wir also eine weitere Zahlenreihe hinzu, bei der wir die Unterschiede zwischen den Zahlen der zweiten Reihe vergleichen:

$$\begin{array}{cccccc} 1 & 2 & 6 & 15 & 31 & 56 \dots \\ & 1 & 4 & 9 & 16 & 25 \\ & & 3 & 5 & 7 & 9 \end{array}$$

In der untersten Reihe ist das Muster völlig klar. Weil es sich um die regelmäßige Abfolge der ungeraden Zahlen handelt, muss die nächste Zahl die *11* sein. Daraus lässt sich ableiten, dass die nächste Zahl in der mittleren Reihe *25 + 11*, also *36* ist. Das wiederum bedeutet, dass in der obersten Reihe als nächstes *56 + 36*, also *92* steht.

Auch diese arithmetische Reihe kann man wieder in einer Gleichung fassen, mit der man jede beliebige Zahl ausrechnen kann. Bei unserem zweiten Beispiel sieht die folgendermaßen aus:

$$a_n = a_{n-1} + (n-1)^2$$

(Wenn Sie das mit $n = 1, 2, 3$ etc. ausprobieren, sehen Sie, dass das stimmt.)

Wenn wir also bei jedem Schritt die Zahl Eins zur Variablen n addieren, erhalten wir die nächste Zahl unserer Sequenz:

$$a_n + 1 = a_n + n^2$$
$$a_{n+2} = a_{n+1} + (n+1)^2$$

In der zweiten Zeile stellt sich charakteristische Unterschied zwischen den aufeinanderfolgenden Zahlen dann so dar:

$$a_{n+1} - a_n = a_n + n^2 - a_n = n^2$$

Auf $an+2$ angewandt, ergibt sich folgende Gleichung:

$$a_{n+2} - a_{n+1} = a_{n+1} + (n+1)^2 - a_n - n^2$$
$$= a_n + n^2 + (n+1)^2 - a_n - n^2 = n^2 + 2n + 1$$

Aus diesem Resultat ergibt sich dann die dritte Reihe unserer Darstellung:

$$\text{Differenz} = n^2 + 2n + 1 - n^2 = 2n + 1$$

Die Gleichung $2n + 1$ beschreibt die leicht identifizierbare Sequenz der ungeraden Zahlen (was Sie durch Einfügen der Zahlen 1, 2, 3 leicht nachprüfen können).

RÄTSEL IM QUADRAT

Ein weitere Kategorie von Zahlenrätsel sind Zahlenquadrate wie Sudokus. Diese bestehen aus mehreren identischen Kästen, in denen bereits einige Zahlen stehen (s. Abb. gegenüber).

In unserem Beispiel dürfen die Zahlen von 1 bis 9 nur einmal verwendet werden. Außerdem ist die Summe der drei Zahlen in jeder Reihe gleich. Aufgabe des Rätsels ist, die fehlenden Zahlen einzutragen.

?	9	2
3	5	?
8	?	6

MATHE-MAGIE

Mathematiker bezeichnen solche Zahlenkästen als magische Quadrate. Je mehr Felder der Kasten hat, desto höher ist die Summe der Zahlen in den waagerechten und senkrechten Reihen. Und die ist – wie durch Zauberhand – immer eine Konstante. Welche das ist, zeigt die folgende Tabelle:

Da das Quadrat in unserem Beispiel die Größe 3 x 3 hat, muss die Summe der Zahlen in jeder Reihe also 15 ergeben. Daraus folgt, dass in der obersten Reihe die Vier fehlt, in der mittleren die Sieben und in der unteren die Eins.

Quadratgröße	Summe der Zahlen in jeder Reihe
2 x 2	5
3 x 3	15
4 x 4	34
5 x 5	65
6 x 6	111
7 x 7	175
8 x 8	260

DIE ZAUBERFORMEL

Die waagerechten, senkrechten und diagonalen Reihen eines $n \times n$ großen magischen Quadrats ergeben immer die magische Konstante M. Und die lässt sich mit folgender Gleichung ganz einfach berechnen:

$$M = n\,(n^2 + 1)/2$$

Die Zahl in der Mitte eines Quadrats mit einer ungleichen Zahl an Feldern pro Reihe ist immer dieselbe – in einem Quadrat mit drei Feldern steht beispielsweise immer die Fünf in der Mitte. Die zentrale Zahl bei einem $n \times n$ großen Quadrat leitet sich immer aus folgender Gleichung ab:

$$Mitte = (n^2 + 1)/2$$

Damit lässt sich die magische Konstante ganz einfach ermitteln: Man muss nur die Zahl in der Mitte mit der Anzahl der Felder pro Reihe multiplizieren.

RÄTSEL GELÖST

Wenn Sie sich ein wenig mit Mathematik beschäftigen, durchschauen Sie sehr schnell die Muster, nach denen Zahlenrätsel wie diese gestrickt sind. Und das hilft Ihnen dabei, sie auch zu lösen. Der schöne Nebeneffekt an der Sache: Wissenschaftliche Studien belegen, dass das Gehirn durch regelmäßige Beschäftigung mit Logikaufgaben bis ins hohe Alter deutlich fitter bleibt.

Kontoausgleich ohne Raten

Haben Sie sich jemals gefragt, nach welchen Kriterien Kreditkarten-anbieter ihre Minimalraten festlegen? Sie berechnen sie nach einer einfachen Formel: Je länger die Laufzeit, desto höher die aufge-laufenen Zinsen. Was viele Kreditnehmer nicht wissen: Eine kleine Veränderung bei den monatlichen Zahlungen kann einen riesigen Unterschied bei der Laufzeit der Rückzahlung ausmachen.

DIE SACHE MIT DEM ZINSESZINS

Noch vor ein paar Jahren war es üblich, die Minimalrate auf 5 % des Restsaldos der Kreditkarte festzulegen. Heute gibt es Anbieter, die Ihnen Minimalraten von lediglich 2,5 % anbieten. Um die Modali-täten der Rückzahlung zu berechnen, setzen Kreditkartenunterneh-men (genau wie Banken und andere Hypotheken- oder Darlehens-geber) die so genannte Zinseszinsformel ein.

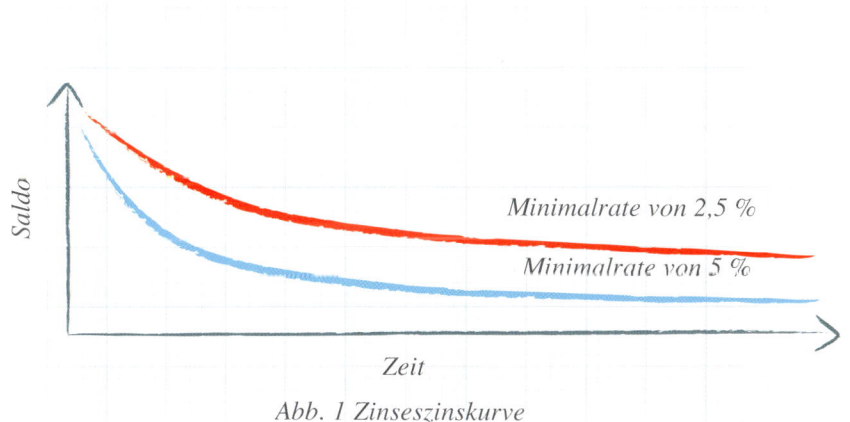

Abb. 1 Zinseszinskurve

Aus der abgebildeten Grafik (Abb. 1) lässt sich zweierlei ablesen: Wie sich unterschiedliche Minimalraten auf die Rückzahlung auswirken. Und dass Sie ewig brauchen werden, Ihre Schulden zu tilgen, wenn sie nur die Minimalrate zahlen. Sehen Sie, wie geringfügig die Saldokurve sinkt, wenn Sie nur 2,5 % statt 5 % abtragen?

Der Vergleich macht deutlich, dass Sie durch die Verdopplung der Mindestrate von 2,5 auf 5 % die Laufzeit um mehr als die Hälfte senken und gleichzeitig die Zinszahlungen drastisch reduzieren können. Wenn Sie tatsächlich nur die Mindestrate überweisen, ist es im schlimmsten Fall tatsächlich so, dass Sie Ihre Schulden nie ganz abtragen können. (Damit das nicht passiert, haben Kreditkartenanbieter aber in der Regel einen monatlich zu zahlenden Mindestbetrag in der Größenordnung von 15 € festgelegt.) Um Ihr Konto zu entlasten, lohnt es sich also auf jeden Fall, ein wenig in Mathematik zu investieren.

AUSGLEICH DES SALDOS

Nehmen wir an, Ihr Kreditkartenanbieter berechnet 12 % Zinsen pro Jahr (mit einer monatlichen Verzinsung), Ihr Konto weist einen Saldo aus, den wir $S0$ nennen, und Sie haben eine Mindestrate von 5 % vereinbart.

Am Ende jedes Monats ergibt sich der neue Saldo aus dem vorhergehenden Saldo plus der monatlichen Zinsen minus der Mindestrate. Nach dem ersten Monat sieht Ihr neuer Saldo (den wir $S1$ nennen) folgendermaßen aus:

$$S_1 = S_0 + (S_0 \times 1\,\%) - (S_0 \times 5\,\%) = S_0 \times 96\,\%$$

Wenn *S0* 1.000 € war (und die Karte im laufenden Monat nicht weiter belastet wurde), ist *S1* also

$$1.000 € + 10 € - 50 € = 960 €.$$

Nach einem weiteren Monat sieht der neue Saldo *(S2)* wie folgt aus:

$$S_2 = S_1 + (S_1 \times 1\%) - (S_1 \times 5\%) = S_1 \times 96\%$$

Das ist fast identisch mit der Gleichung vom Monat zuvor.

Da wir wissen, dass *S1 = S0 x 96 %* ist, können wir das Ganze auch so schreiben:

$$S_2 = S_0 \times 96\% \times 96\%$$

Das heißt nichts anderes, als dass der Restsaldo nach *n* Monaten der ursprünglichen Saldo *(S0)* multipliziert mit *n-mal 96 %* ist, was in der mathematischen Schreibweise so aussieht:

$$S_n = S_0 \times (96\%)n$$

Stellen wir uns einmal eine ferne Zukunft vor, in der Sie ihr Konto ausgeglichen haben, also *Sn* Null beträgt. Wenn Sie ein wenig herumrechnen, werden Sie schnell feststellen, dass diese Zukunft nicht existiert. Denn ganz gleich, wie niedrig Sie *n* ansetzen – *Sn* wird immer einen Tick mehr sein als Null. Durch die Zinseszinsformel haben wir also schlüssig bewiesen, dass Sie mit der Mindestrate nie Ihre Schulden los werden – selbst, wenn Sie Ihre Kreditkarte wegschließen.

Sauer macht sauber

*In so ziemlich jedem Haushalt findet sich im Schrank unter der
Spüle eine ganze Batterie an Putzmitteln – vom Glasreiniger über
die Bodenpflege bis zur Möbelpolitur. Bevor diese chemischen Produkte auf dem Markt kamen, war oft Haushaltsessig das Mittel der
Wahl.*

Einfacher Haushaltsessig ist nichts anderes als verdünnte Essigsäure,
die Chemikern unter der Bezeichnung CH_3COOH geläufig ist. Wie
alle Säuren neutralisiert auch die Essigsäure basische und alkalische
Stoffe. Bei dieser chemischen Reaktion werden die Substanzen in
Wasser und Salze gespalten, und genau darin liegt das Geheimnis,
warum Essig als Reinigungsmittel so wirksam ist.

KAMPF DEM KALK

Besonders wirksam ist Haushaltsessig bei Kalkrückständen, die von
Wasser mit hohem Härtegrad kommen. Die darin enthaltenen weißen
Substanzen setzen sich als Calciumcarbonat *($CaCO_3$)* im Wasserkes-
sel, an Heizelementen oder auch in der Toilette ab.
Wenn $CaCO_3$ – der berüchtigte Kalkstein – mit Essigsäure in Kon-
takt kommt, läuft die folgende chemische Reaktion ab:

$$2CH_3COOH + CaCO_3 \longrightarrow (CH_3COO)_2Ca + CO_2 + H_2O$$

Statt der beiden Urprungssubstanzen haben wir jetzt drei Komponenten. Die erste davon ist Calciumacetat, das Kalziumsalz der Essigsäure. Die beiden können auch Nicht-Chemiker leicht identifizie-
ren: Es handelt sich dabei um Kohlendioxid und Wasser.

ABFLUSS FREI

Essig ist auch perfekt, um Seifenrückstände zu entfernen. In Verbindung
mit Backsoda kann man damit auch Verstopfungen im Abfluss be-

seitigen. Backsoda (sprich: Natriumcarbonat) hat die chemische Formel $NaHCO_3$. Darum reagiert es mit Essig wie folgt:

$$CH_3COOH + NaHCO_3 \longrightarrow CH_3COONa + H_2CO_3$$

Die zwei Komponenten ganz rechts sind Natriumacetat, also ein
Salz, und Kohlensäure. Die Kohlensäure spaltet sich in kürzester Zeit
in Wasser und Kohlendioxid auf. Das Kohlendioxid wiederum hat
die Eigenschaft, kräftig zu sprudeln, und kann so die Verstopfung im
Abfluss lösen.

GLÄNZENDES ERGEBNIS

Ein weiteres Anwendungsgebiet für Essig ist Kupfer (oder genauer
gesagt Kupferoxid oder CuO). Bei angelaufenen Töpfen oder auch
Münzen lässt sich mit einer Mischung aus Essig und Tafelsalz *(NaCl)*
die Verfärbung schnell entfernen. Die Reaktion, die dabei abläuft, ist
die folgende:

$$CuO + 2CH_3COOH \longrightarrow Cu(CH_3COO)_2 + H_2O$$

Cu(CH3COO)2 ist Kupferacetat, ein Salz, das sich in Wasser auf-
löst. Das Tafelsalz fungiert als Katalysator, der die Reaktion viel
schneller in Gang bringt als normal.

DIE SACHE MIT DER HYGIENE

In einer Studie, die William A. Rutala und Kollegen 2000 an der
University of North Carolina durchgeführt haben, wurde die
Wirkung von Essig und Backsoda mit einer ganzen Reihe von
Mikroben getestet. Die Wissenschaftler fanden heraus, dass Essig
die Zahl der Bakterien *Pseudomonas aeru-*
ginosa und S*almonella choleraesuis*
auf Oberflächen deutlich reduziert.
Bei *Escherichia coli* und *Staphylo-*
coccus aureus konnte das Hausmittel allerdings nicht überzeugen.

Weg mit dem Fleck

Eine Party zuhause ist eine tolle Sache – bis jemand Rotwein auf den hellen Veloursteppich verschüttet. Mit Hilfe der Wissenschaft – und insbesondere der Chemie – lässt sich die Situation aber doch noch retten.

Wenn das unvermeidliche Glas Rotwein auf dem Bodenbelag landet, hat so ziemlich jeder einen Vorschlag parat, wie man dem Fleck am besten zu Leibe rückt. Irgendeiner schlägt garantiert vor, einfach Weißwein drauf zu schütten, ein anderer schwört auf Mineralwasser, der nächste kommt mit einer Handvoll Salz oder mit Wasser und einer Küchenrolle.

Besonders ärgerlich ist das Missgeschick mit dem verschütteten Roten, wenn es sich um einen alten Jahrgang handelt. Dann ist nicht nur der teuere Tropfen vergeudet, der Fleck ist auch noch besonders schwer zu entfernen – vor allem, wenn er über Nacht getrocknet ist. Was genau kann man aber tun, um ihn wieder loszuwerden? Am besten wissenschaftlichen Rat holen!

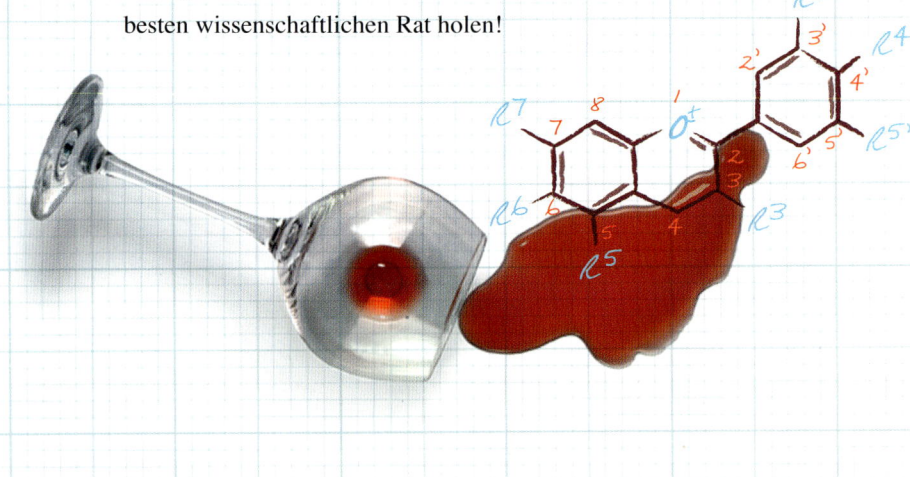

VON DER FARBE ZUM FLECK

Rotweine gibt es in den unterschiedlichste Schattierungen – von Rosa über Rubinrot bis zu dunklem Lila. Für dieses breite Spektrum an Farben sind die Anthocyane verantwortlich. Diese chemische Verbindung von Farbstoffen findet sich in allen Arten von Obst und Gemüse – in Kirschen, Rotkohl, Auberginen und auch in roten Trauben. Es gibt hunderte verschiedene Anthocyane, die alle eine ähnliche chemische Struktur haben. Und die sorgt leider dafür, dass sich die Pigmente in Materialien wie Teppichfasern festsetzen.

Je älter ein Rotwein wird, desto vielschichtiger wird seine chemische Struktur. Die Anthocyane gehen mit den enthaltenen Tanninen eine Verbindung ein und bilden komplexe Moleküle, die noch fester am Teppich haften. Nun stellt sich die Frage, ob bei einem so schwierigen Problem einfache Hausmittel wirklich helfen können.

STREUEN UND SAUGEN

Salz (oder Natriumchlorid) reagiert nicht mit Anthocyanen. Nach chemischen Gesichtspunkten ist dieses Mittel also nicht besonders wirksam, weil es die Pigmente nicht aus dem Teppich entfernt. Es hat aber eine andere gute Eigenschaft: Es kann hervorragend Flüssigkeiten absorbieren und erledigt darum bei frischen Rotweinflecken zumindest einen Teil des Jobs.

EINFACH WEGSPRUDELN

Mineralwasser ist Wasser, das mit Kohlendioxidbläschen und einer Spur Mineralien (zum Beispiel Natriumbikarbonat oder Kaliumsulfat) angereichert ist. Wie schon zuvor erläutert, haben Salze keine Wirkung auf Anthocyane. Hier können aber die Bläschen etwas bringen.

Wie Sie vielleicht schon bemerkt haben, kommen immer mehr schäumende Reinigungsmittel auf den Markt, die mit Kohlendioxid arbeiten. In dem einen oder anderen Fall helfen die Bläschen des Kohlendioxids tatsächlich, Flecken aus bestimmten Materialien zu lösen. Die Wirksamkeit ist aber nur minimal. Unterm Strich ist das Blubbern eher ein spektakulärer Effekt, als dass es wirklich Abhilfe schafft.

WEISS GEGEN ROT

Einer der Hauptunterschiede zwischen Rot- und Weißwein liegt im jeweiligen Herstellungsverfahren. Rotwein wird in der Regel mit der kompletten Traube vergoren, während beim Weißwein die Schalen nach dem Keltern entfernt werden. Da in der Schale die meisten An-

thocyane stecken, leuchtet ein, warum Weißwein wesentlich teppichfreundlicher ist. Ein Wundermittel gegen Flecken ist er allerdings nicht – er hat dieselben Bestandteile wie sein rotes Pendant, aber leider keine geheime Zutat, die ihn dazu machen könnte.

DER KLARE FAVORIT

Ökologisch denkende Menschen nutzen Obst oder Gemüse mit einer hohen Kontentration an Anthocyanen auch als Alternative zum Färben mit chemischen Mitteln. Die natürlichen Pigmente haben allerdings einen entscheidenden Nachteil: Weil in ihrer kompexen Molekülstruktur auch Zucker enthalten ist, sind sie wasserlöslich. Wenn man ein Kleidungstück also beispielsweise mit Rotkohl färbt, wird sich der schöne Lilaton schon bald wieder auswaschen.

Bei der Fleckbekämpfung bekommt die Wasserlöslichkeit der Anthocyane eine ganz andere Dimension. Beim Kontakt mit Wasser bilden sie eine neue Form von Anthocyanen, die – und das ist der springende Punkt – farblos ist.

Tatsächlich spielt Wasser in den meisten der genannten Methoden zur Fleckentfernung eine entscheidende Rolle. Vor allem, wenn man nach der Devise „je mehr, desto besser" vorgeht. Wenn Sie also einen Rotweinfleck ohne scharfe Chemikalien behandeln wollen, schütten Sie möglichst schnell jede Menge Wasser drauf.

Wenn kein Wasser in der Nähe ist, können Sie natürlich auch Weißwein oder Mineralwasser nehmen. Damit lässt sich der Rotwein im Fleck genausogut verdünnen.

IMMER SCHÖN TUPFEN

Vermeiden Sie auf jeden Fall, den Fleck zu reiben. So befördern Sie den Rotwein nur noch tiefer in die Faser. Besser ist es, mit Küchenrolle oder einem sauberen Tuch den Fleck samt dem darauf geschütteten Wasser abzutupfen.

DIE WISSENSCHAFTLICHE METHODE

Dr. Andrew Waterhouse, Professor der Önologie an der University of California in Davis, hat verschiedene Arten der Fleckentfernung untersucht. Neben Klassikern wie Weißwein nahm er auch alle möglichen Mittel aus der Drogerie unter die Lupe und testete die jeweilige Wirksamkeit bei Seide, Baumwolle, einem Polyester-Baumwoll-Mix und Nylon.

Alle Mittel wurden zwei Minuten nach dem Verschütten des Rotweins angewandt und wirkten drei Stunden lang ein. In einer zweiten Testreihe fand die Behandlung des Flecks erst nach einem Tag, aber mit derselben Einwirkzeit statt. Danach wurden die Stoffe in kaltem Wasser gewaschen und getrocknet.

Die Testreihe ergab, dass der effizienteste Fleckentferner eine Mischung aus Wasserstoffperoxid und Flüssigseife ist. Bei empfindlichen Stoffen wie Seide zeigte sich allerdings, dass keines der Mittel besonders gut wirkt.

Einige der kommerziellen Reinigungsprodukte enthalten neben Wasserstoffperoxid auch Natriumperkarbonat, und das ist in Hinblick auf Anthocyane eine besonders interessante Komponente.

Anthocyane verhalten sich wie das Lackmuspapier, das Sie sicher aus dem Chemieunterricht kennen. Je nachdem, ob sie mit einer sauren oder alkalischen Lösung in Kontakt kommen, wechselt ihre Farbe zu Blau oder Rot. Natriumperkarbonat ist basisch und lässt die Anthocyane blau werden, bevor die Bleichwirkung des Wasserstoffperoxids einsetzt. So bekommt das Wäschestück ein blaustichiges Weiß, das von der Waschmittelindustrie gerne als besonderes weißes Weiß beworben wird.

Wenn das nächste Mal also ein Glas Rotwein umfällt, wissen Sie nun genau, welches Hausmittel wirkt und welches Sie ruhigen Gewissens im Schrank lassen können.

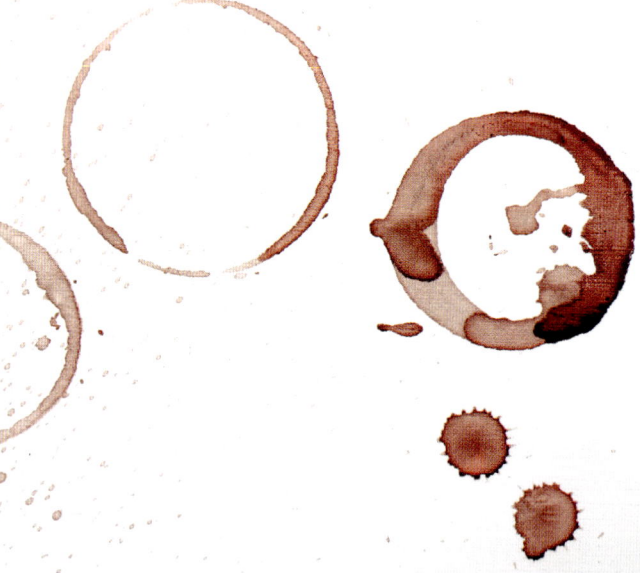

Scrabble ohne Wortklauberei

Ärgern Sie sich nicht länger darüber, wenn Sie trotz Ihrer genialen Wortkombinationen wieder einmal von Ihrer allwissenden Oma geschlagen werden. Überlegen Sie lieber, wie sie das wohl schafft. Bei Scrabble entscheidet nicht allein die Fähigkeit, aus den gezogenen Buchstaben die längsten Wörter zu bilden. Man muss auch den Wert der Buchstaben und ihre jeweilige Häufigkeit geschickt für sich nutzen.

VON BUCHSTABEN UND ZAHLEN

Die Originalversion von Scrabble enthält 100 Buchstabensteine (mit den in der Tabelle angezeigten Werten) plus zwei Blankosteine.

Buch-stabe	Wert	Anzahl der Buch-staben im Spiel	Buch-stabe	Wert	Anzahl der Buch-staben im Spiel
A	1	9	N	1	6
B	3	2	O	1	8
C	3	2	P	3	2
D	2	4	Q	10	1
E	1	12	R	1	6
F	4	2	S	1	4
G	2	3	T	1	6
H	4	2	U	1	4
I	1	9	V	4	2
J	8	1	W	4	2
K	5	1	X	8	1
L	1	4	Y	4	2
M	3	2	Z	10	1

MEHR ODER WENIGER

Die Häufigkeit, in der jeder Buchstaben bei Scrabble vorkommt, ist seit der Erfindung des Spiels durch Alfred Butts unverändert. Um diese zu bestimmen, hat Mr. Butts auf ein typisches Produkt der englischen Sprache zurückgegriffen: Er hat sich die Titelseite der *New York Times* vorgenommen und analysiert, wie oft jeder Buchstabe dort vorkommt. Der mathematische Weg, diese Aufgabe zu bewältigen, führt uns zu einer Disziplin, die sich Frequenzanalyse nennt. Mit ihrer Hilfe lässt sich die Frequenz der Buchstaben (in unserem Beispiel im Englischen) bestimmen (s. Abb. 1).

Abb. 1 Frequenzanalyse bei Scrabble

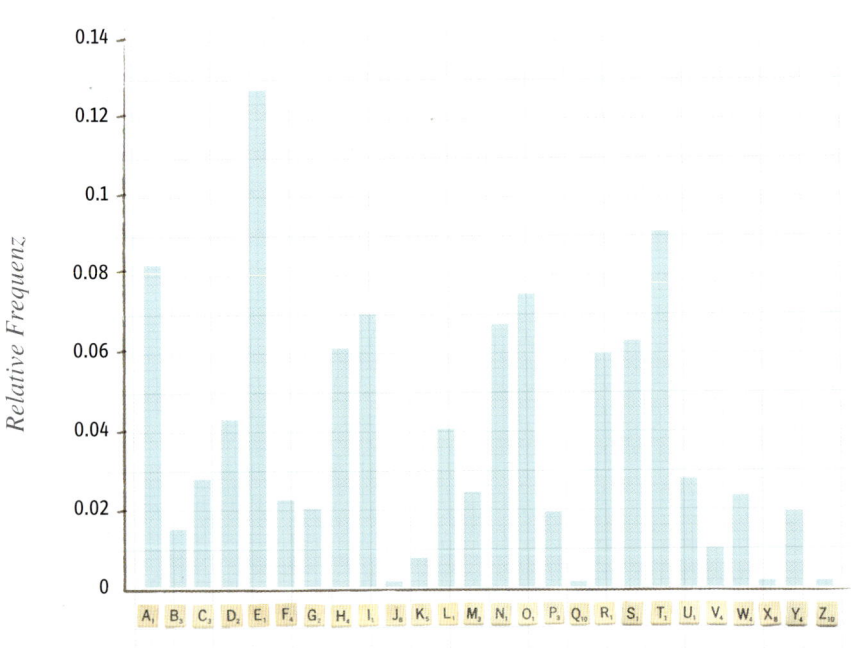

Buchstabe

Wie Sie sehen, ist E der Buchstabe, der am häufigsten vorkommt. Darum ist die Anzahl der E-Steine beim Scrabble hoch und der Buchstabenwert niedrig. Die Buchstaben Q und Z gibt es am seltensten und bringen darum ganze zehn Punkte.

Im Spiel gibt es allerdings auch Anomalien. Die Grafik zeigt, dass H fast so oft vorkommt wie I, O und N. Trotzdem bringt das H im Spiel vier Punkte und somit viermal so viel wie ähnlich häufige Buchstaben.

VORAUSSCHAUEND DENKEN

Jeder gute Scrabble-Spieler weiß, wie viele Steine es von jedem Buchstaben gibt. Nehmen wir einmal an, Sie haben die Kombination AAFEERM auf Ihrer Ablagebank. Dann ist die Versuchung groß, die Konsonanten F, R und M um ein freies O auf dem Spielbrett zum Wort FORM abzulegen. Weil Konsonanten die häufigsten Buchstaben sind, könnten Sie durch das Ziehen neuer Steine eine Kombination wie AAEEIIO bekommen – und mit der lässt sich nur wenig anfangen.

WORTSTÄMME

Eine Schlüsselstrategie beim Scrabble ist, von den gezogenen Buchstaben möglichst alle sieben unterzubringen. Dafür gibt es nämlich einen 50-Punkte-Bonus. Viele Scrabble-Cracks haben eine ganze Reihe von Wortstämmen mit sechs Buchstaben im Kopf, mit denen man solche Bingo-Wörter bilden kann. Der bestmögliche Wortstamm im Englischen ist beispielsweise SATINE, weil der mit jedem Buchstaben des Alphabets (außer J) das begehrte Siebenerwort ergibt. Mit einem U kann man beispielsweise AUNTIES (also Tantchen) legen, mit G SEATING (Bestuhlung) und mit D INSTEAD (stattdessen). Manche der Wörter sind allerdings ziemlich ungebräuchlich, darum sollte man ein gutes Wörterbuch zur Hand haben, um seinen Mitspielern zu beweisen, dass es den Begriff wirklich gibt.

Eiskalt serviert

Sie müssen kein Sommelier sein um zu wissen, dass Weißwein gut gekühlt am besten schmeckt. Wenn Sie vergessen haben, ihn rechtzeitig in den Kühlschrank zu stellen, brauchen Sie nicht gleich auf Rotwein umschwenken. Man kann die Temperatur von Flüssigkeiten auch auf die Schnelle senken.

TEMPERATUR IST RELATIV

Zur perfekten Weintemperatur gibt es unterschiedliche Meinungen. Manche behaupten steif und fest, dass man Rotwein bei Raumtemperatur servieren muss. Die beträgt in modernen Häusern mit Zentralheizung aber im Schnitt 20 bis 25° C. Für die meisten Rotweine wird eine Serviertemperatur von 14 bis 18° C empfohlen. Wenn Sie den Wein in einem Regal in der Küche aufbewahren, sollten Sie ihn also vor dem Ausschenken leicht kühlen.

Weißwein wird von vielen Gastgebern direkt vom Kühlschrank auf den Tisch gebracht. Ein Kühlschrank hat normalerweise eine Temperatur zwischen 0 und 5° C. Das ist für die meisten Sorten aber zu kalt – sie schmecken am besten bei 7 oder 8° C.

Manche Weine fallen noch mehr aus dem starren Empfehlungsschema heraus. Beaujolais und auch körperreiche Weißweine wie Weißburgunder entfalten ihr volles Bouquet nämlich bei etwa 10° C.

Was aber tun, wenn die Flasche kurz vor dem Servieren noch nicht die perfekte Temperatur hat?

DIE AUFWÄRMPHASE

Wer nicht den Luxus eines Weinkellers mit perfektem Raumklima genießt, muss sich beim Temperieren seines Weißweins mit dem Kühlschrank begnügen und ein klein wenig Geduld aufbringen. Sie sollten die Flasche nämlich etwa zehn bis 15 Minuten stehenlassen, nachdem Sie sie herausgenommen haben. Diese Zeit sollte normalerweise ausreichen, dass der Wein sich um ein paar Grad erwärmt.

Bei Rotweinen, die bei Raumtemperatur aufbewahrt werden, ist das umgekehrte Prozedere angesagt. Stellen Sie die Flasche vor dem Öffnen kurz in den Kühlschrank oder in einen gut gefüllten Eiskübel.

7

DER KÜHLFAKTOR

Richtig panisch werden viele, wenn eigentlich gar keine Zeit mehr ist, den Weißwein richtig zu kühlen. Im Kühlschrank dauert es mehrere Stunden, bis die Flasche von Raum- auf Trinktemperatur gebracht ist. Zum Glück gibt es noch einige Optionen, bei denen das bedeutend schneller geht: den Gefrierschrank, eine Kühlmanschette oder einen Eiskübel.

Viele erklärte Weinliebhaber behaupten, dass man Wein nicht im Gefrierschrank kühlen darf. Wir behaupten, dass man Weißwein darin völlig problemlos auf die gewünschte Temperatur bringen kann. Man sollte ihn nur nicht länger als eine halbe Stunde im Fach lassen. Der Gefrierpunkt von Wein liegt wegen seines Alkoholgehalts höher als der von Wasser. Bei einer Temperatur von 7 bis 8° C fängt er an, Kristalle zu bilden, was den Geschmack beeinträchtigen kann. Wenn er noch kälter wird, besteht außerdem die Gefahr, dass die Flasche platzt. Eine gute Alternative sind Kühlmanschetten, die ein spezielles Gel enthalten. Die bewahrt man am besten im Gefrierschrank auf, dann kann man sie bei Bedarf einfach herausholen und über die warme Flasche ziehen.

Damit geht es sogar schneller als mit dem Gefrierschrank, weil der Wein durch direkte

Wärmeübertragung von der Flasche auf die Manschette gekühlt wird und nicht durch die so genannte Konvektion, also über die umgebende Luft.

Eiskübel werden schon seit ewigen Zeiten zum Kühlen von Wein benutzt. Diese Methode lässt sich aber noch optimieren. Wenn Sie Wasser zum Eis geben, bringen Sie Ihren Wein in nur zwanzig Minuten auf Trinktemperatur. Wenn es noch schneller gehen soll, gibt es einen weiteren Trick: Einfach Salz dazu! Durch das Salz wird der Gefrierpunkt des Wassers gesenkt. Dasselbe passiert, wenn Sie Salz in Ihren Eiskübel geben. So kann mehr Wärme von der Flasche absorbiert werden, bevor das Eis schmilzt (s. Abb. 1).

Salz

Eis

Abb. 1: Rezept zur Blitzkühlung

Mehr Kilometer fürs Geld

Bei hohen Benzinpreisen überlegt sich so mancher, ob er sein Auto aus Kostengründen nicht lieber stehen lassen soll. Für alle, die das nicht wollen oder können, gibt es zum Glück noch andere Möglichkeiten, den Kraftstoffverbrauch zu senken. Man muss sich nur bewusst machen, wie ein Verbrennungsmotor funktioniert, und seine Fahrweise ein wenig umstellen.

In der Zeit zwischen 1945 und 2008 lag der Ölpreis im Schnitt bei 26,64 $ pro Barrel. Danach ist er zeitweise auf astronomische Höhen geklettert. Im Juli 2008 wurde der Barrel Rohöl mit fast 150 $ gehandelt. Als Konsequenz davon wurden auch PKW-Kraftstoffe in diesem Monat extrem teuer. In den USA kostete eine Gallone Benzin rekordverdächtige 4,11 $, in Deutschland lag der Literpreis knapp unter 1,60 € (was einem Gallonenpreis von rund 6 € entspricht) – und das war noch lange nicht das Ende der Messlatte.

DAS BEWEGUNGSGESETZ

Wer seine Fahrweise optimieren will, muss sich ein bisschen mit Physik beschäftigen. Oder genauer gesagt: mit den Kräften, die bei der Beschleunigung eines Autos eine positive oder negative Rolle spielen.

Das Newtonsche Bewegungsgesetz $F = ma$ ist wohl eine der bekanntesten Formeln, die es gibt. Mit ihm lässt sich berechnen, wie viel Kraft F man braucht, um ein Objekt der Masse m und der Beschleunigung a zu bewegen.

Damit sind in Sachen Auto aber nicht alle Aspekte berücksichtigt. Man muss auch noch andere Einflüsse in Betracht ziehen, die sich auf den Kraftstoffverbrauch auswirken. Und davon gibt es so einige – zum Beispiel den Luftwiderstand, die Reibung der Reifen auf der Fahrbahnoberfläche oder die innere Reibung im Motor.

DER STRÖMUNGSWIDERSTAND

Die maximale Geschwindigkeit eines Autos wird maßgeblich von dem Widerstand bestimmt, den es beim Fahren durch die entgegenströmende Luft überwinden muss. Diese Kraft wirkt entgegengesetzt zur Antriebskraft, die für die Beschleunigung des Fahrzeugs zuständig ist. Physiker berechnen diesen so genannten Strömungswiderstand mit folgender Formel:

$$F_D = \tfrac{1}{2}\, \rho v^2 C_d A$$

Dabei steht F_D für den Luftwiderstand, ρ für die konstante Luftdichte, v für die Geschwindigkeit des Wagens, C_d für den Widerstandskoeffizienten (s. unten) und A für die Querschnittsfläche des Autos in Fahrtrichtung.

DER WIDERSTANDSKOEFFIZIENT

Auto- und Flugzeugkonstrukteure interessiert beim Entwickeln neuer Modelle vor allem der Widerstandskoeffizient – je niedriger der nämlich ausfällt, desto weniger wirkt sich der Luftwiderstand auf das fahrende Objekt aus (s. Abb. 1 und 2). Zur Verdeutlichung sind in der nebenstehenden Tabelle einige C_d-Werte exemplarisch gegenübergestellt.

Wie aus der Formel zu entnehmen ist, spielt auch die Querschnittsfläche des Fahrzeugs eine nicht unbedeutende Rolle. Darum versuchen die Entwickler, den Wert von C_d mal A immer weiter zu reduzieren. Ein Auto mit niedrigem $C_d A$ hat also einen geringen Luftwiderstand und ist entsprechend günstig im Verbrauch.

Objekt	C_d
Boeing 787	0.024
Toyota Prius	0.25
Mini Cooper	0.35
Ford Mustang	0.46
Citroën 2CV	0.51
Hummer H2	0.57
Stehende Person	1
Ziegelstein	2.1

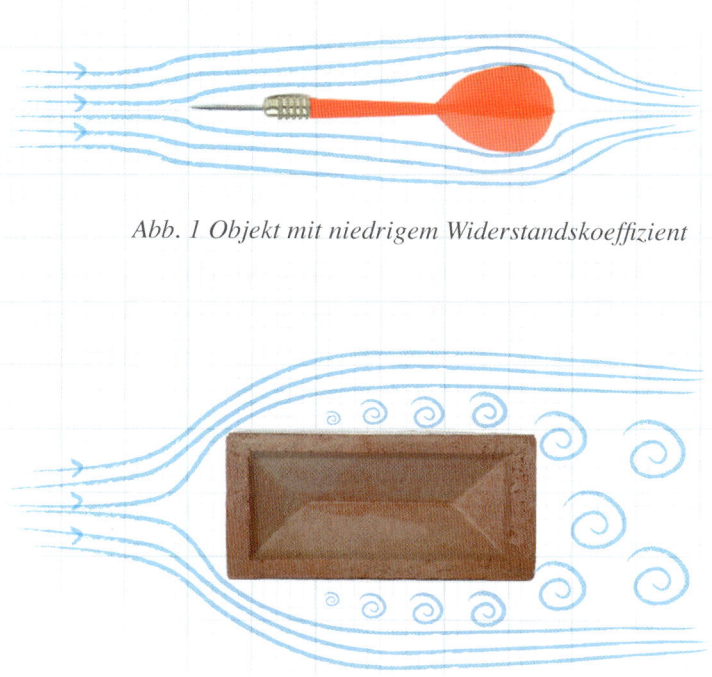

Abb. 1 Objekt mit niedrigem Widerstandskoeffizient

Abb. 2 Objekt mit hohem Widerstandskoeffizient

Wenn Sie sich nicht ohnehin ein neues Auto kaufen wollen, interessiert Sie sicher brennend, welche Faktoren aus dieser Gleichung Ihnen noch beim Benzinsparen helfen können.

BALLAST ABWERFEN

Eine Formel, die oft im gleichen Atemzug wie die Newtonsche genannt wird, ist $W = F \times d$. Oder in Worten ausgedrückt: Arbeit (work) ist Kraft (force) mal Strecke (distance). Damit kann man berechnen, wie viel Energie (also Arbeit) benötigt wird, um mit einem bestimmten Kraftaufwand eine bestimmte Strecke zurückzulegen. Wenn wir die Arbeitsformel und die Newtonsche Formel kombinieren, erhalten wir folgende Gleichung:

$$W = mad$$

Daraus können wir ableiten, dass bei gleichbleibender Beschleunigung und Distanz die benötigte Energie von der Masse abhängt – also ein leichteres Auto weniger hart arbeiten muss, um auf einer bestimmten Distanz zu beschleunigen.

Darum ist es immer eine gute Idee, die Masse des Autos so gering wie möglich halten. An seinem Eigengewicht können Sie natürlich nichts ändern. Aber sie können dafür sorgen, dass Sie nicht unnötig schwere Sachen im Kofferraum liegen lassen. Denn das kostet Sie definitiv einiges an Sprit.

SANFT BESCHLEUNIGEN

Die Gleichung verrät uns aber noch etwas anderes. Bei gleichbleibender Masse und Entfernung erhöht sich die benötigte Energie/Arbeit proportional zur Beschleunigung. Wenn Sie das Gaspedal abrupt durchtreten, brauchen Sie also wesentlich mehr Kraftstoff, als wenn Sie mit Gefühl beschleunigen.

WINDSCHLÜPFRIG VS. BEQUEM

Durch die Formel zum Strömungswiderstand haben wir gelernt, dass ein niedriger C_dA-Wert gleichbedeutend mit einem geringen Luftwiderstand ist. Kontraproduktiv sind natürlich Aufbauten wie Dachgepäckträger. Weil die echte Benzinfresser sind, sollte man sie nur nutzen, wenn man sie wirklich braucht.

LANGSAM UND GLEICHMÄSSIG

Bei der Berechnung der zum Überwinden des Stömungswiderstands benötigten Kraft können wir mit genau derselben Formel folgende Gleichung ableiten:

$$P_d = F_d v = \tfrac{1}{2}\rho v^3$$

Da der C_dA-Wert des Autos und die Luftdichte Konstanten sind, ist
die einzige Variable auf der rechten Seite die Geschwindigkeit. Wenn
Sie genau hinschauen, sehen Sie, dass dort nicht einfach v, sondern
v^3 steht. Das bedeutet nichts anderes, als dass sich bei doppelter
Geschwindigkeit der Kraftaufwand verachtfacht *(2^3 = 2 x 2 x 2 = 8)*.
Es liegt also auf der Hand, dass Sie deutlich weniger Benzin verbrauchen, wenn Sie langsam fahren.

REIFEN UND REIBUNG

Die Reibung der Reifen auf der Fahrbahnoberfläche sollte man auch
nicht unterschätzen. Nicht umsonst hat jedes Auto eine Hersteller-
empfehlung für den optimalen Reifendruck. Wenn der zu niedrig ist,
wird die Lauffläche platter. Und weil dadurch mehr Gummi in Kontakt mit der Straße ist, wird die Reibung höher. Achten Sie also immer
darauf, dass Sie genug Luft auf den Reifen haben.

BESSER FRÜH ALS HOCH

Last, but not least, sollten Sie Ihr Augenmerk auch auf die Drehzahl
Ihres Autos richten. Wie schon erwähnt, spielt beim Benzinsparen
auch die innere Reibung des Motors eine wichtige Rolle. Und die
steigt mit den Umdrehungen pro Minute. Zum ökonomischen Fahren
sollten Sie darum immer frühzeitig schalten. Experten empfehlen,
bei Benzinern den Gang zu wechseln, bevor 2.500 Umdrehungen
pro Minute erreicht sind; bei Dieselmotoren liegt die Empfehlung bei
2.000 upm.

Aus der Fabel vom Hasen und dem Igel haben wir gelernt, dass
man mit Bedacht und Ausdauer das Rennen gewinnt. Jetzt wissen wir,
dass man mit diesen Tugenden auch Benzin sparen kann.

Wasser stopp!

Einige Ökonomen behaupten, dass Wasser das neue Öl ist. Tatsache ist, dass die Welt immer mehr davon verbraucht – durch den Anbau von Pflanzen mit hohem Wasserbedarf und Industrien, die für ihre Produktion ganze Seen verbrauchen.

Egal, ob Sie die Umwelt entlasten wollen, eine Trockenperiode zur Vernunft ruft oder die laufenden Nebenkosten niedriger werden sollen – Gründe und Gelegenheiten, Wasser zu sparen, gibt es viele. Wir konzentrieren uns auf die am häufigsten benutzte und wasserintensivste Errungenschaft unserer modernen Gesellschaft: die Toilette. Zum Sparen wenden wir das Prinzip der Wasserverdrängung an, das der Geschichte nach von dem griechischen Mathematiker und Physiker Archimedes entdeckt wurde.

DER HEUREKA-MOMENT

Sicher hatten Sie auch schon einen Heureka-Moment – also das Erlebnis, dass Sie bei einem Problem, das Sie lange beschäftigt hat, endlich klar sehen. Den ersten hatte angeblich Archimedes.

Die Geschichte dahinter wurde von dem Architekten Marcus Vitruvius Pollio in seinen Aufzeichnungen festgehalten. Demnach hatte ein gewisser König Hiero eine goldene Krone zum Geschenk erhalten. Allerdings kamen Gerüchte auf, dass der gewissenlose Juwelier zur Herstellung besagter Krone auch Silber verwendet hatte. Hiero wollte natürlich wissen, ob das tatsächlich der Fall war. Um das herauszufinden, hätte man das Schmuckstück allerdings einschmelzen müssen, und hätte es dadurch ruiniert.

Archimedes, der über das Problem nachdachte, hatte beim Baden einen Geistesblitz: Ihm wurde nämlich bewusst, dass sein Körper beim Eintauchen Wasser aus der Wanne verdrängte. Und dass man genau diese Tatsache zur Lösung des Problems nutzen könnte. Gold hat eine größere Dichte als Silber und ist in etwa doppelt so schwer. Wenn die Krone also aus reinem Gold wäre, müsste sie dieselbe Menge Wasser verdrängen wie ein Goldklumpen mit demselben Gewicht. Wenn Silber im Spiel wäre, gäbe es eine Differenz.

Laut Vitruvius sprang Archimedes vor Freude aus seinem Bad, als er auf die Lösung gekommen war. Er lief nackt durch die Straßen und rief „Eureka!" („Ich habe es gefunden!"). Bei der Umsetzung seiner Theorie stellte sich dann tatsächlich heraus, dass der Juwelier betrogen und Silber unter das Gold gemischt hatte.

DER GROSSE DURST

Im Zeitraum 2008–9 lag der durchschnittliche Wasserverbrauch deutscher Haushalte bei rund 123 Litern pro Person und Tag. In den USA wurden im gleichen Zeitraum bis zu 450 Liter verbraucht. Und das ist eine unglaublich große Menge an Wasser.

Einer der größten Wasserschlucker im privaten Umfeld ist die Toilettenspülung – vor allem in älteren Häusern. Dort fließen bei jedem Betätigen bis zu 17 Liter in die Kanalisation, während moderne Toiletten nur etwa die Hälfte brauchen. Wenn man bedenkt, dass man die Toilette im Schnitt fünfmal am Tag benutzt, wird schnell klar, wie der hohe Wasserverbrauch zustande kommt.

DER STEIN DES WEISEN

Jetzt stellt sich die Frage, wie uns das Archimedische Prinzip bei dieser Sache weiterhilft. Die Antwort liegt in Ihrem Spülkasten. Bei alten Toiletten hat der ein viel größeres Fassungsvermögen als bei neuen. In den meisten Fällen braucht man zum Spülen aber gar keine komplette Füllung. Weil es aber keine Wasserstopp-Taste gibt, läuft beim Ziehen trotzdem der gesamte Inhalt durch.

Nach dem Archimedischen Prinzip verdrängt ein Objekt, das man in den Spülkasten legt – zum Beispiel ein Ziegel – die Menge an Wasser, die seinem eigenen Volumen entspricht (s. Abb. 1). Und genau diese Menge wird dann bei jedem Spülen tatsächlich gespart.

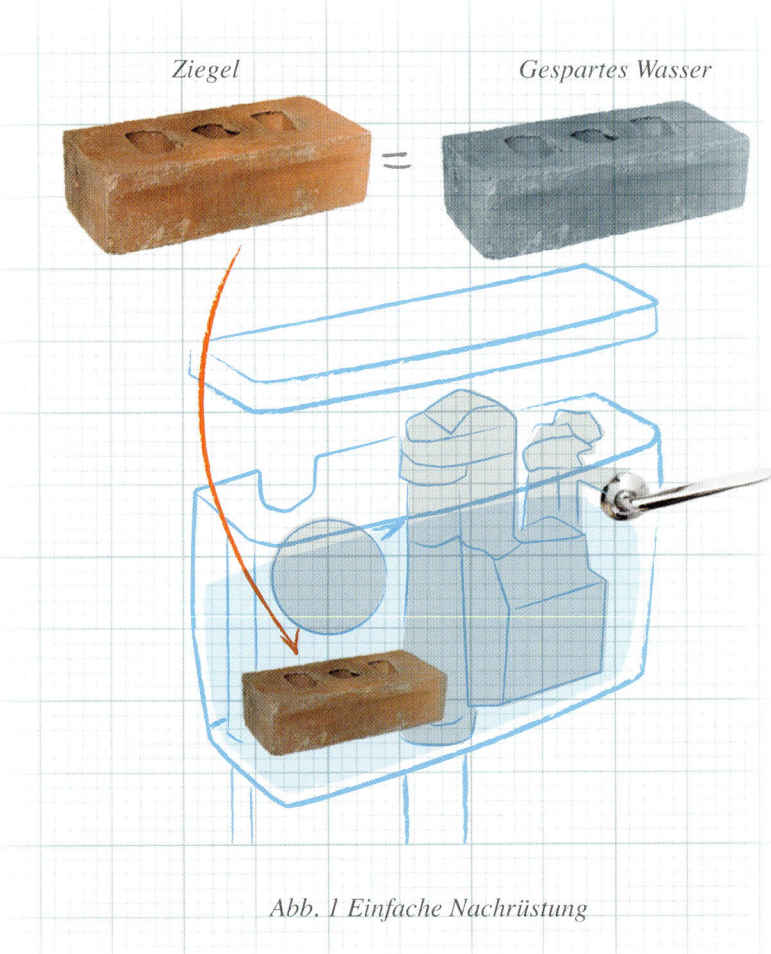

Ziegel *Gespartes Wasser*

Abb. 1 Einfache Nachrüstung

Richtig Zunder geben

Ein Feuer in Gang zu bringen, kann eine echte Herausforderung sein – egal, ob es im Holzkohlegrill, an der Feuerstelle im Garten oder im offenen Kamin brennen soll. Es reicht nämlich leider nicht aus, einfach nur ein brennendes Streichholz ans Holz zu halten. Mit etwas Glück fängt das zwar Feuer, geht aber in den meisten Fällen schnell wieder aus. Zum richtigen Lodern braucht schon es ein bisschen mehr …

DIE KALTEN FAKTEN

Viele von uns denken sicher, dass die Verbrennung von Stoffen hauptsächlich mit Physik zu tun hat. Tatsächlich handelt es sich dabei in erster Linie um einen chemischen Prozess. Dabei kommt es zu folgender Reaktion:

$$\text{Brennstoff} + \text{Sauerstoff}$$
$$\text{--> Kohlendioxid} + \text{Wasser} + \text{Hitze}$$

Das bildet allerdings nur das Szenario ab, bei dem der Brennstoff komplett verbrennt. In der Realität entsteht noch eine Reihe von Nebenprodukten wie Kohlenmonoxid, Asche oder Ruß.

Aus chemischer Sicht sieht die Reaktion dann so aus:

$$C_xH_y + (x + y/4)O_2 \dashrightarrow xCO_2 + (y/2)H_2O$$

Dabei steht C_xH_y für einen beliebigen Brennstoff fossilen Ursprungs.

Butan – ein Gas, das oft für Campingkocher verwendet wird – hat die Formel C_4H_{10} und reagiert bei der Verbrennung wie folgt:

$$2C_4H_{10} + 13O_2 \dashrightarrow 8CO_2 + 10H_2O$$

Diese Art von chemischer Reaktion nennt man exothermisch. Das bedeutet, dass dabei Hitze oder Licht entsteht – bei Butan in Form einer Flamme oder Glut.

Kohle und Holz sind komplexe Brennstoffe, die aus vielen verschiedenen organischen (karbonhaltigen) Materialien bestehen. Die Verbrennung läuft aber ganz ähnlich wie beim Butangas ab. Allerdings sind in der Gleichung nicht alle Aspekte des Vorgangs berücksichtigt. Denn ein Brennstoff fängt nicht einfach Feuer, wenn er mit Sauerstoff in Berührung kommt. Tatsächlich sollte die Formel eigentlich so aussehen:

$$\text{Hitze} + \text{Brennstoff} + \text{Sauerstoff}$$
$$\longrightarrow \text{Kohlendioxid} + \text{Wasser} + \text{mehr Hitze}$$

Man braucht nämlich Hitze, um den Verbrennungsprozess zu starten (daher das Streichholz). In der darauf folgenden Reaktion wird weitere Hitze erzeugt, die eine neue Reaktion auslöst. Diese Kettenreaktion geht dann so lange, bis der Brennstoff aufgebraucht ist.

DAS RICHTIGE ZUSAMMENSPIEL

Durch die beiden Gleichungen haben wir gelernt, was wir auf jeden Fall brauchen, um ein Feuer anzuzünden: Brennstoff, Sauerstoff und eine Hitzequelle. Damit es am Brennen bleibt, muss man dafür sorgen, dass jede dieser Komponenten auch wirklich ausreichend zur Verfügung steht. Das bedeutet unter anderem, dass ein Streichholz allein meist nicht genügt, um den Verbrennungsprozess zu starten. Und dass das Feuer ohne richtige Luftzufuhr garantiert schnell wieder erlischt.

EFFIZIENTE STARTHILFE

Wie Sie wissen, brennt ein Streichholz nicht besonders lange. Um genügend Initialhitze zum Feuermachen zu erhalten, brauchen wir also etwas, das schnell und relativ lange brennt. Gute (und preiswerte) Anzündhilfen sind unter anderem Holzspäne, trockene Blätter oder eine aufgerollte Zeitung.

LUFTIG DENKEN

Wer ein gutes Feuer will, muss dafür sorgen, dass es genug Sauerstoff bekommt. Das mag etwas seltsam klingen, weil man am Sauerstoffgehalt der Luft ja nichts ändern kann. Man kann aber dafür sorgen, dass der Sauerstoff möglichst ungehindert an die Oberfläche des brennenden Materials kommt.

Stellen Sie sich vor, Sie haben einen Holzblock mit einer Seitenlänge von je zehn Zentimetern. Jede seiner sechs Seiten hat eine Fläche von 100 Quadratzentimetern; die Gesamtfläche beträgt demnach 600 Quadratzentimeter.

Wenn Sie den Block in kleinere Blöcke mit einer Seitenlänge von fünf Zentimetern sägen, haben diese eine Fläche von 5 x 5 = 25 Quadratzentimetern pro Seite und eine Gesamtfläche von 6 x 25 =150 Quadratzentimetern. Weil Sie jetzt acht Blöcke haben, summiert sich die Gesamtfläche aller Blöcke auf 8 x 150 = 1.200 Quadratzentimeter. Durch das Zerschneiden haben Sie, ohne das ursprüngliche Volumen zu verändern, die Oberfläche mal eben verdoppelt.

Beim Abbrennen unserer fiktiven Würfel würde sich zeigen, dass die kleineren Exemplare besser brennen, weil sie insgesamt eine größere Oberfläche haben, an die Luft kommen kann. Mit Anmachholz – also trockenen Zweigen oder Holzspänen – ist das genau dasselbe. Bei letzteren lässt sich das besonders gut nachvollziehen. Ein Bündel Späne hat ein weitaus besseres Oberfläche-zu-Volumen-Verhältnis als das Holzscheit, von dem sie abgespalten wurden.

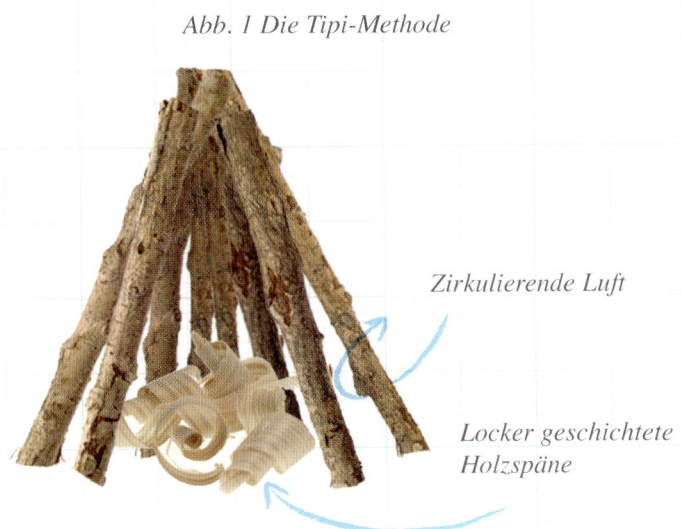

Abb. 1 Die Tipi-Methode

Zirkulierende Luft

Locker geschichtete Holzspäne

DAS TIPI-FEUER

Die Abbildung lässt schon darauf schließen, warum es keine gute Idee ist, das Feuerholz eng zusammenzupacken: Dadurch wird die Oberfläche nämlich verdichtet. Um das zu verhindern, wird zum Feuermachen gerne die Tipi-Methode verwendet. Für dieses klassische Lagerfeuer legen Sie zunächst Ihre Anzündhilfe in die Mitte der Feuerstelle. Dann ordnen Sie Ihr Anmachholz so an, dass es einen Kreis bildet und die oberen Enden sich berühren. Durch diese Konstruktion kommt von allen Seiten Luft an das Holz. Außerdem fällt der Scheiterhaufen durch die Innenneigung beim Abbrennen in sich zusammen und nährt dadurch die Glut von der Anmachhilfe (s. Abb. 1).

DIE HOLZKOHLE-PYRAMIDE

Eine ähnliche Methode kann man anwenden, um einen Holzkohlegrill ohne gefährliche Brandbeschleuniger anzuzünden. Schichten Sie einfach Holzkohle pyramidenförmig über ihre Anzündhilfe. Die Lücken zwischen den einzelnen Stückchen reichen aus, um eine ausreichende

Sauerstoffzufuhr zu gewährleisten. Wenn die Holzkohle durchgeglüht ist, kann sie auf dem Boden des Grills verteilt werden.

DAS BLOCKHÜTTEN-FEUER

Eine andere beliebte Methode, ein Feuer in Gang zu bringen, ist die Blockhütten-Technik. Dazu platziert man zunächst zwei parallel ausgerichtete Hölzer rechts und links von der Anmachhilfe. Darauf legt man zwei weitere Holzstücke, und zwar so, dass sie sich im rechten Winkel mit den ersten beiden überscheiden. Das wiederholt man dann so lange, bis die „Blockhütte" die gewünschte Höhe hat. Wenn die Anmachhilfe brennt, kommt zum Abschluss noch ein Dach darüber.

Nachdem sich genügend Glut gebildet hat, legt man allmählich das Feuerholz nach. Denken Sie aber daran, auch hierbei genügend Luftlöcher zu lassen. Wenn Sie möchten, können Sie auch ein wenig fächeln, um die Sauerstoffzufuhr noch weiter zu erhöhen.

Abb. 2 Die Blockhütten-Methode

„Dachbalken" als Abschluss

Ritzen für einen ungehinderten Luftstrom

Das Ende der Eiszeit

Sie kennen ja sicher das Ritual, das Autofahrer im Winter gute 15 Minuten kostet – fleißiges Scheibenkratzen, damit man gute Sicht für eine gute Fahrt hat. Dabei hat jeder so seine eigene Methode, das Eis loszuwerden. Wir gehen die Sache aus wissenschaftlicher Sicht an und suchen unter anderem nach dem Grund, warum sich überhaupt Eis auf dem Auto bildet.

DER MORGENDLICHE FROST

Wasserdampf ist ein fester Bestandteil der Luft, die uns umgibt. Sehen können wir das aber nur, wenn es Nebel, Tau oder Raureif gibt. Warme Luft kann mehr Wasserdampf tolerieren (also aufnehmen) als kalte. Wenn die Temperatur fällt, wird früher oder später der so genannte Taupunkt erreicht. Das ist der Moment, in dem die Luft vollständig mit Wasser gesättigt ist und keinen weiteren Dampf mehr aufnehmen kann. Am Taupunkt geht das im Dampf enthaltene Wasser langsam in seine flüssige Form über – es kondensiert und manifestiert sich dann beispielsweise als Nebel oder – wenn die Temperatur unter dem Gefrierpunkt liegt – als Eis.

Große Metall- und Glasflächen strahlen Wärme schneller ab als beispielsweise Asphalt und sind darum entsprechend kälter. Das ist der Grund, warum mitunter die Autoscheiben schon vereist sind, wenn es noch gar keinen Bodenfrost gibt.

DIE BESTE METHODE: VORBEUGEN

Nachdem wir jetzt wissen, wie Eis entsteht, schauen wir uns an, was man dagegen tun kann. Die geschickteste Strategie ist, seine Bildung von vornherein zu verhindern.

Eine besonders einfache Maßnahme ist das abendliche Abdecken der Windschutzscheibe mit einem Karton oder einer Plane. Die Luftschicht zwischen Abdeckung und Scheibe fungiert wie eine Isolierschicht und verhindert, dass sich Eis auf der Scheibe bildet. Die Abdeckung selbst bleibt zwar nicht vom Frost verschont, aber die kann man ja leicht entfernen.

Alternativ kann man auch vorbeugend einen Enteiser auf die Scheiben sprühen. Ein wirkungsvolles Do-it-Yourself-Mittel ist ein Mix aus drei Teilen Essig und einem Teil Wasser, den man in eine einfache Sprühflasche füllen kann. Die im Essig enthaltene Essigsäure friert in unverdünnter Form bei 16,9° C, also knapp unter Raumtemperatur. Bei Zugabe von Wasser sinkt ihr Gefrierpunkt aber unter 0° C und verhindert so eine Eisbildung.

Ein weiteres gutes Rezept ist 70-prozentiger medizinischer Alkohol (der das unter anderem als Frostschutzmittel bekannte Ethanol enthält) mit einem Schuss Spülmittel. Wenn Sie bei Frostgefahr damit Ihr Auto abends behandeln, können Sie am nächsten Morgen zügig durchstarten.

Wenn Sie das vergessen haben oder von der Kälte überrascht wurden, sind Ihre Autoscheiben im schlimmsten Fall mit einer dicken Eisschicht überzogen.

Enteisungs-Mix:

1 Teil Wasser

3 Teile Essig

Zum Glück gibt es auch hier verschiedene Methoden, mit denen man dieses Problem lösen kann.

DIE FÖHN-METHODE

Die naheliegendste Idee, das Eis loszuwerden, ist Wärme. Viele nutzen die Autoheizung, um die Temperatur der Windschutzscheibe zu erhöhen, aber das dauert leider ziemlich lang. Der Luftstrom erreicht nur eine kleine Fläche, und es kann mehrere Minuten dauern, bis die Sicht soweit frei ist, dass man sicher (und ordnungsgemäß) fahren kann.

DAS HEISSE BAD

Manche Leute lassen heißes Wasser über die Scheibe laufen. Davon können wir aber nur abraten. Jedes Objekt dehnt sich beim Erwärmen aus, und Glas ist da keine Ausnahme. Weil das Wasser beim Gießen nicht über die komplette Scheibe fließt, erwärmt sich das Glas außerdem nur an einigen Stellen. Durch die ungleichmäßige Erwärmung entsteht Spannung im Glas, die dazu führen können, dass es platzt. Windschutzscheiben sind zwar aus Spezialglas, können aber – genau wie bei einem Steinschlag – irgendwann doch zersplittern.

Wenn Sie trotz alledem bei der Wassermethode bleiben wollen, sollten Sie erst kaltes und dann maximal lauwarmes Wasser verwenden. Allerdings kann sich bei extremem Frost das Problem dadurch noch verschlimmern. Sobald die erste Ladung Wasser auf die Scheibe kommt, wird es darauf einfach gefrieren.

DIE BEQUEME LÖSUNG

Besonders beliebt sind kommerzielle Enteisungssprays. Die enthalten meist eine Art von Alkohol (zum Beispiel Isopropyl-Alkohol) und nutzen die Tatsache, dass der Gefrierpunkt von Alkohol viel niedriger ist als der von Wasser. Die wirksamsten Sprays enthalten Methanol, das im Gegensatz zu Wasser erst bei −97° C (statt bei 0° C) gefriert. Wenn das Enteisungsspray das gefrorene Wasser auf der Scheibe durchdringt, bringt es das umliegende Eis zum Schmelzen.

ECHTE HANDARBEIT

Die mechanische Methode – also das Schaben mit einem Eiskratzer oder einer Kreditkarte – funktioniert sehr gut bei dünnem Eis. Wenn die Schicht dick ist, wird das Enteisen allerdings eine Weile dauern. Generell sollte man bedenken, dass bei dieser Vorgehensweise Kratzer in der Scheibe entstehen können, die bei Gegenlicht die Sicht beeinträchtigen.

Was am allerbesten bei vereisten Scheiben hilft, ist eine Kombination von verschiedenen Methoden. Schalten Sie also das Gebläse der Heizung an, um die Scheibe von innen zu erwärmen, sprühen Sie einen methanolhaltigen Enteiser auf und nehmen Sie für besonders hartnäckige Stellen den Kratzer zu Hilfe.

Lecker, locker, leicht gemacht

Backen kann eine sehr befriedigende Angelegeheit sein: Aus ein paar einfachen Zutaten lassen sich mit relativ wenig Aufwand die schönsten Kuchen, Brote oder Soufflés zaubern. Manchmal ist es mit der Vorfreude auf die hausgemachte Köstlichkeit aber abrupt vorbei: Beim Öffnen der Backofentür fällt das Werk leider zusammen. Dann stellt sich die Frage, was da wohl schief gelaufen ist.

MAN NEHME: AUSREICHEND BACKPULVER

Zum Aufgehen braucht ein Teig Kohlendioxid – und zwar eine ganze Menge. Bei Kuchen, Muffins oder Scones sorgt in der Regel Backpulver für die nötige Menge. Das klassische Backpulver ist ein Mix aus einer alkalischen Verbindung (und zwar einem natriumbasierten Mineralsalz), einem Säuerungsmittel und ein wenig Stärke. Normalerweise neutralisieren sich saure und alkalische Stoffe. Die Stärke im Backpulver sorgt aber dafür, dass die beiden gegensätzlichen Komponenten erst miteinander reagieren, wenn Flüssigkeit oder Hitze (oder beides) im Spiel ist.

In den meisten Backpulversorten wird als alkalische Zutat Natriumbikarbonat verwendet, das auch als Backsoda bekannt ist und die chemische Formel $NaHCO_3$ hat. Die chemische Reaktion, die das Aufgehen des Kuchens bewirkt, stellt sich folgendermaßen dar:

$$NaHCO_3 + H^+ \longrightarrow Na^+ + CO_2 + H_2O$$

H^+ ist ionisierter Wasserstoff (also ein Wasserstoffatom ohne Elektron), der durch die Säure des Backpulvers im Teig gebildet wird. Die rechte Hälfte der Gleichung zeigt, dass der Aufgehprozess auf das Konto des Kohlendioxids geht.

Häufig wird als Säuerungsmittel Kaliumkarbonat verwendet, das den Bäckern unter uns als Pottasche bekannt ist und die chemische Formel $KHC_4H_4O_6$ hat. Und Kaliumkarbonat löst die folgende Reaktion aus:

$$NaHCO_3 + KHC_4H_4O_6 \longrightarrow KNaC_4H_4O_6 + CO_2 + H_2O$$

NICHT ZUVIEL, NICHT ZUWENIG

Wenn Ihr Gebäck nicht aufgeht, kann das verschiedene Gründe haben – zum Beispiel ein Zuviel an Säure. Wie wir gelernt haben, entsteht Kohlendioxid durch die Reaktion zwischen der alkalischen und der sauren Komponente des Backpulvers. Für optimale Resultate muss das Verhältnis zwischen beiden stimmen und auch mit den anderen Zutaten harmonieren. Nicht umsonst sind in Backrezepten Mengen der Zutaten so akribisch notiert. Damit Ihr Backvorhaben gelingt, sollten Sie sich möglichst genau daran halten.

Aber selbst, wenn Sie alles bis aufs Gramm genau abwiegen, bleibt der Teig unter Umständen eine kompakte Masse. Daran kann der Luftdruck schuld sein. Bei einem Tiefdruckgebiet geht der Kuchen viel mehr auf, als wenn Hochdruck herrscht. Das ist mitunter des Guten zuviel, und die aufgegangene Masse kollabiert. Wenn Sie auf Nummer sicher gehen wollen, reduzieren Sie an Tagen mit niedrigem Luftdruck das Backpulver einfach ein wenig (und zwar um ein geschätztes Viertel der im Rezept angegebenen Menge).

DAS TÄGLICHE BROT

Ein wenig anders schaut die Sache beim Brotbacken aus. Hier ist Hefe die treibende Kraft. Hefe ist ein Mikroorganismus, der genau wie der Champignon zur Familie der Pilze gehört. Zum Backen wird meist die Spezies Saccharomyces cerevisiae verwendet.

Hefe ernährt sich von Kohlenhydraten wie Zucker oder Stärke – im Fall unseres Brotteigs von der Stärke, die im Mehl enthalten ist. Beim „Verdauungsprozess" (oder genauer gesagt: beim Umwandeln der Kohlenhydrate in weniger komplexe Strukturen) wird das Kohlendioxid freigesetzt, das der Teig zum Aufgehen braucht (s. Abb. 1). Was viele nicht wissen: Als Nebenprodukt entsteht bei diesem Prozess Ethylalkohol. Anders als beim Bierbrauen (wo die Fermentation nach demselben Prinzip abläuft) verflüchtigt sich dieser aber bei der weiteren Verarbeitung des Teigs – Sie müssen sich also keine Sorgen machen, dass Sie bei übermäßigem Brotgenuss betrunken werden.

Was sich nicht verflüchtigt, ist das Kohlendioxid. Das wird nämlich durch einen ebenso einfachen wie genialen Trick im Teig festgehalten. Wie Sie vielleicht wissen, enthält Mehl zwei Proteine namens Glutenin und Gliadin, die in Kombination mit Wasser zu Gluten werden.

Abb. 1 Brotteig vor dem Gehen

Durch dieses Klebereinweiß bildet sich beim Kneten des Teigs ein
dichtes Netz mikroskopisch kleiner Glutenstränge, in dem die Kohlendioxidbläschen gefangen werden. So kann der Teig ordentlich aufgehen, und das Brot wird schön locker und elastisch.

Probleme beim Brotbacken rühren oft daher, dass der Teig zu
schnell hochgegangen ist. In diesem Fall werden die Kohlendioxid-
blasen so groß, dass sie beim Backen platzen. Wenn Sie sich genau
an die Anweisung im Rezept halten, sollte das aber nicht passieren.

BACKEN FÜR SCHAUMSCHLÄGER

Vor Soufflés haben selbst geübte Bäcker Respekt. Die wichtigste Zutat für diese Spezialität ist nämlich nicht Kohlendioxid, sondern Luft.
Und die bekommt man nicht mit chemischen Hilfsmitteln, sondern
nur von Hand in den Teig. Also heißt es, fleißig Eiweiß schlagen und
den fertigen Schnee vorsichtig unterheben. Die im Eischnee einge-
schlossene Luft sorgt dafür, dass der Teig im Ofen hochgeht. Und
weil das Eiweiß bei Hitze fest wird, bekommt das Soufflé den nötigen
Stand.

Abb. 2 Brotteig nach dem Gehen

Bei Soufflés kommt es also weniger auf die richtige Formel als auf die richtige Technik an. Die Struktur des Teigs muss stabil genug sein, damit sie das gesamte Volumen tragen kann. Wenn sie zu schwach ist, bekommt sie Risse. Dadurch entweichen die Luftbläschen und das Soufflé fällt zusammen.

DAS BÖSE FETT

Eiweiß besteht hauptsächlich aus Wasser und verschiedenen Proteinen. Durch Schlagen mit dem Schneebesen werden diese Proteine voneinander getrennt, und ein luftiger weißer Schaum entsteht.

Das funktioniert aber nur, wenn nicht das kleinste Bisschen Fett im Spiel ist. Arbeiten Sie darum sehr sorgfältig, wenn Sie die Eier trennen. Im Eigelb ist nämlich reichlich Fett enthalten, und schon ein winziger Klecks kann Ihr kulinarisches Vorhaben ruinieren. Und achten Sie darauf, dass auch Ihre Arbeitsgeräte fettfrei sind. Reinigen Sie alles vor dem Benutzen noch einmal gründlich und brausen Sie Spülmittelreste restlos ab.

Mit diesem Wissen sollte Ihrer Karriere als Meisterbäcker eigentlich nichts mehr im Wege stehen. Zumindest wissen Sie jetzt, wie man einen Teig zum Aufgehen bringt.

Memory für Erwachsene

Kennen Sie das? Sie lernen auf einer Party jemanden kennen, ein Freund von Ihnen gesellt sich in die Gesprächsrunde und Sie müssten Ihre neue Bekanntschaft jetzt eigentlich vorstellen. Aber Sie können sich beim besten Willen nicht an den Namen erinnern – Ihr Gedächtnis hat Sie mal wieder im Stich gelassen.

Namen sind nicht das einzige, was einem gerne entfällt. Wie oft sind Sie schon losgegangen, um etwas zu holen, und haben es unterwegs einfach vergessen? Und wann haben Sie im Parkhaus zuletzt nach Ihrem Auto gesucht, weil sie nicht mehr wussten, wo Sie es abgestellt haben? Ein bisschen Vergesslichkeit ist aber kein Grund zum Verzweifeln – es gibt wirksame Methoden, mit denen man sein Gedächtnis deutlich verbessern kann.

DIE WISSENSCHAFT VOM DENKEN

Bevor wir uns daran machen, unser Gehirn auf Trab zu bringen, sollen wir uns klar darüber werden, wie es funktioniert.

Das menschliche Gehirn besteht aus Milliarden von Gehirnzellen, den so genannten Neuronen. Jedes Neuron ist mit Tausenden von anderen Neuronen über Synapsen verknüpft. Diese Synapsen dienen dazu, mit Hilfe einer chemischen Substanz – dem so genannten Neurotransmitter – Signale zu übertragen.

MRT-Scans zeigen, dass ganz immer verschiedene Neuronen aktiviert werden, wenn im Gehirn ein neuer Lern- oder Erfahrungsprozess stattfindet. Um diesen Prozess wieder aufzurufen, muss exakt derselbe Aktivierungsprozess wieder abgespult werden. Wie genau das funktioniert, konnte bislang noch nicht geklärt werden.

Die kognitive Psychologie – also die Wissenschaft, wie Informationen im Gehirn gespeichert werden – unterscheidet drei Typen von

Erinnerungsvermögen: das Kurzzeit-, das Langzeit- und das sensorische Gedächtnis. Das sensorische Gedächtnis registriert externe Stimulationen wie Gerüche oder Geräusche.

Die meisten dieser Erfahrungen werden nur wenige Sekunden gespeichert und dann wieder gelöscht. Einige wandern allerdings weiter in das Kurzzeitgedächtnis. Das wiederum ist in der Lage, zwischen vier und neun Informationen bis zu 15 Sekunden zu speichern. Die genaue Anzahl der rekapitulierten Fakten hängt davon ab, wie komplex diese sind.

Bei mehrfacher Wiederholung werden Infos aus dem Kurzzeitgedächtnis an das Langzeitgedächtnis übertragen. Wie genau dieser Prozess abläuft, wird von Hirnforschern sehr kontrovers diskutiert. Weitgehend einig ist man sich aber darüber, dass das Langzeitgedächtnis kein Zeitlimit und zudem eine unbegrenzte Kapazität hat.

NETTER VERSUCH

Um seine Gedächnisleistung zu steigern, gibt es verschiedene Methoden. Am wenigsten Erfolg versprechend ist offensichtlich Gehirnjogging. Eine entsprechende Studie wurde 2010 mit 11.430 Probanden durchgeführt. Die spielten sechs Wochen lang Spiele, die dem Gehirn auf die Sprünge helfen sollen. In dieser Zeit wurden sie in den Spielen selbst zwar geschickter. Allerdings konnte beim allgemeinen Denkvermögen, den taktischen Fähigkeiten, dem räumlichen Denken und bei der Merkfähigkeit keine Verbesserung festgestellt werden.

IMMER SCHÖN WIEDERHOLEN

Wie schon gesagt, werden nur Informationen an das Langzeitgedächtnis übertragen, die öfter vorkommen. Wenn Sie also beispielsweise eine Person kennenlernen, sagen Sie sich ihren Namen immer wieder vor. Ob Sie das laut oder nur in Ihrem Kopf machen, spielt dabei keine Rolle.

Wenn Ihnen also eine Ella vorgestellt wird, sagen Sie einfach: „Hallo, Ella, schön, dich kennen zu lernen! Ella, was genau ist deine Aufgabe in der Firma? Es war nett, mit dir zu sprechen, Ella!" Vergessen Sie dabei nur nicht, Ella auch zu Wort kommen zu lassen. Sonst sehen Sie sie vielleicht nie wieder.

CHUNKING

Durch die so genannte Chunking-Methode können Sie die Anzahl der Informationen erhöhen, die im Kurzzeitgedächtnis gespeichert werden. Dazu müssen Sie die Fakten, die Sie sich merken wollen, einfach nur gruppieren. Wenn Sie beispielsweise eine Telefonnummer in Zweier- oder Dreiergruppen splitten, können Sie sie viel einfacher behalten.

VISUELLE ASSOZIATION

Das menschliche Gehirn kann Bilder viel leichter als Zahlen speichern. Probieren Sie also, einen neu gelernten Namen mit einem Bild zu verknüpfen. Wenn Sie eine Rosa kennen lernen, stellen Sie sich einfach ihr Gesicht mit einer Rose im Haar vor.

Sie können sich auch einen Reim auf den Namen einer Person machen. Setzen Sie Frank gedanklich einfach auf einen Schrank. Das Bild mit den baumelnden Beinen wird Ihnen garantiert wieder einfallen, wenn Sie ihn das nächste Mal treffen.

Alternativ können Sie den Namen auch in einzelne Bilder zerlegen. Nehmen wir einmal an, Ihr neuer Kunde heißt Wolfgang Lehmann. Das lässt sich in die Begriffe Wolf, Gang, Lehm und Mann zerlegen, aus der man ein kleines Kopfkino basteln kann: Ein Wolf läuft durch einen langen Gang, der in eine Lehmgrube führt. Weil er dort einen

Mann stehen sieht, bleibt er stehen und wartet ab, was passiert. Die Geschichte klingt vielleicht etwas weit hergeholt, aber sie erfüllt auf jeden Fall ihren Zweck.

DIE SACHE MIT DER MNEMONIK

Hinter dem schwierigen Wort Mnemonik verbirgt sich nichts anderes als die Technik, in Zusammenhang stehende Informationen mit Reimen, Wörtern, Geräuschen oder Bewegungen zu verknüpfen – also die gute alte Eselsbrücke. Dabei wird die Tatsache genutzt, dass sich ein Durchschnittsmensch viel leichter an einen zusammenhängenden Satz oder eine emotionale Erfahrung erinnert als an isolierte Informationen. Um eine Eselsbrücke zu bilden, wird gerne aus den Anfangsbuchstaben der Lernbegriffe ein leicht zu visualisierendes Wort oder eine ganze Wortfolge gebildet. Wer sich beispielsweise die Planeten in der richtigen Reihenfolge merken möchte (Merkur, Venus, Erde, Mars, Jupiter, Saturn, Uranus, Neptun, Pluto), schafft das viel leichter mit dem Satz „Mein Vater erklärt mir jeden Sonntag unsere neun Planeten". Und wer mit den Himmelsrichtungen Probleme hat, muss sich nur „nicht ohne Seife waschen" merken.

IN DER RUHE LIEGT DIE KRAFT

Das Gedächtnis kann man auch im Schlaf verbessern. Das haben Forscher des Instituts für Gehirn- und Verhaltensforschung an der Universität Haifa herausgefunden. Bei ihrer Studie mussten sich die Teilnehmer eine Sequenz von Fingerbewegungen merken. Deutlich besser schnitten diejenigen unter ihnen ab, die nach dem Demonstrationsteil ein Nickerchen gemacht hatten. Die Wissenschaftler gehen davon aus, dass durch die Ruhephase das Gesehene besser gespeichert werden kann und das Gehirn weniger anfällig für Ablenkungen ist.

Einpacken als Paraderolle

Stellen Sie sich folgendes Szenario vor: Es ist Heiligabend und kurz vor Ladenschluss. Sie müssen noch zwei Päckchen packen, haben aber nur noch einen Rest Geschenkpapier auf der Rolle. Reicht das wohl aus oder müssen Sie noch neues besorgen?

Jeder hat so seine eigene Verpackungsmethode. Sogar einen geradlinigen Gegenstand wie eine Schachtel kann man auf verschiedene Arten mit Papier einschlagen. Manche Leute kleben erst eine Kante an der Schachtel fest und rollen dann das Papier drumherum. Andere legen die Box auf das Papier und falten die Kanten auf der Oberseite zusammen. Was uns interessiert ist allerdings die Frage, wie man ein Paket möglichst papiersparend einpacken kann.

DER RICHTIGE ANSATZ

Ein Mitarbeiter des Instituts für angewandt Mathematik der University of Leicester hat sich intensiv mit dem Thema Geschenkverpackung beschäftigt. Warwick Dumas wollte herausfinden, wie man am wenigsten Papier verbraucht. Um den Bedarf für eine normale Schachtel mit den Seitenlängen a, b und c zu ermitteln (s. Abb. 1), hat er folgende Formel aufgestellt:

$$A = 2 \times (a \times b + a \times c + b \times c + c^2)$$

Abb. 1 Typisches Schachtelformat

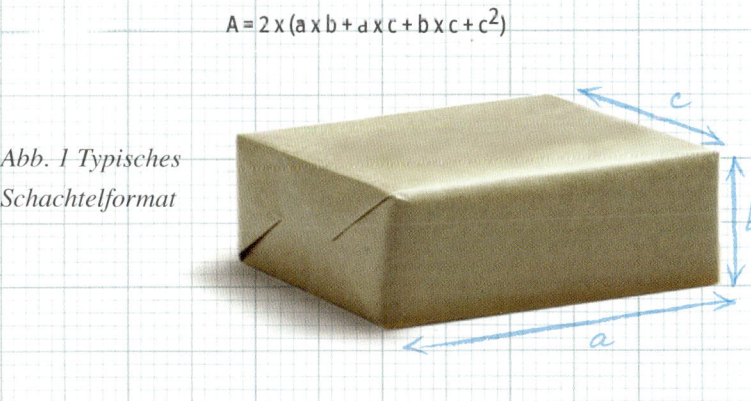

Diese Formel bezieht die sechs Flächen der Schachtel plus einen Überschlag an den Schmalseiten mit ein (die Komponente c^2).

ANPACKEN UND EINWICKELN

Damit Sie die Schachtel ordentlich verpacken können, müssen Sie ein wenig Extrapapier zum Überlappen einrechnen – in etwa fünf Zentimeter. Wenn Ihre Schachtel eine Breite von 30 und eine Höhe von 15 Zentimetern hat, muss die ihr Papier mindestens (30 + 15) x 2 + 5, also 95 Zentimeter lang sein.

Wie breit das Papier sein muss, errechnet sich aus der Länge der Schachtel plus ihrer halben Höhe plus fünf Zentimeter zum Überlappen. Angenommen, die Schachtel ist 50 cm lang, dann brauchen wir 50 + 7,5 (die halbe Höhe) + 5 (das Extra zum Überlappen), also 62,5 cm.

Nach dem Zuschnitt platzieren Sie die Schachtel so, dass ihre längste Kante – mit ein paar Zentimetern Abstand – parallel zur schmalen Seite des Papiers liegt (s. Abb. 2). Achten Sie darauf, dass der Abstand zum Seitenrand auf beiden Seiten gleich ist. Dann holen Sie sich die gegenüberliegende Schmalseite des Bogens heran. Wenn Sie richtig gemessen haben, überlappen sich die Kanten um genau fünf Zentimeter. Ziehen Sie das Papier jetzt stramm und fixieren Sie es mit Klebeband.

Jetzt geht es an einer der beiden Breitseiten der Schachtel weiter. Dort streichen Sie

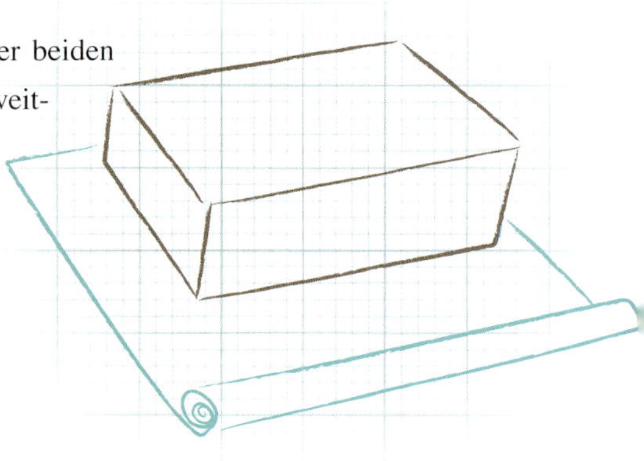

Abb. 2 Richtige Platzierung der Schachtel

zunächst von einer der langen Kanten das überschüssige Papier vollflächig an die Schachtel. Wenn Sie die an beiden Seiten entstehenden Kanten falzen, bekommen Sie zwei dreieckige Klappen. Die schlagen Sie nun nach innen um. Wenn sie die neuen Kanten wieder falzen, erhalten Sie ein Dreieck, das Sie dann sauber an der Schachtel festkleben können. Nun müssen Sie diesen Vorgang nur noch auf der anderen Seite wiederholen, und Ihr Päckchen ist fertig zum Verschenken.

DAS GANZE IN SCHRÄG

Manche Menschen legen Ihre Päckchen aus irgendeinem Grund diagonal auf das Papier (s. Abb. 3). Für die hat Warwick Dumas eine schlechte Nachricht: Dadurch verbraucht man genausoviel Papier, als wenn man die Schachtel gerade plaziert – und in den meisten Fällen sogar mehr.

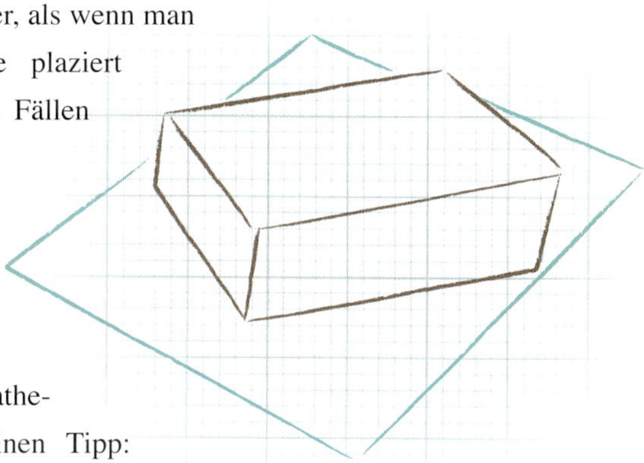

Wer trotzdem nicht von dieser Verpackungsmethode lassen will, bekommt von dem Mathematiker zumindest einen Tipp: Wenn die Länge der Schachtel multipliziert mit 2,5 größer ist als die Differenz zwischen den beiden anderen Seiten, verbraucht man bei einer Platzierung im

Abb. 3 Diagonales Verpacken

45-Grad-Winkel am wenigsten Papier. Ansonsten sollte man die Box so hinschieben, dass sich die Papierkanten nach dem Falten berühren.

DIE EINPACK-KÜR

Mathematik hilft auch bei weniger leicht zu verpackenden Geschenken weiter. Für zylindrische Objekte – zum Beispiel Kekse oder Whisky in der Präsentdose – gibt es zwei Einpackoptionen. Wenn der Radius des Zylinders (also der halbe Durchmesser des Bodens) mehr als 88 Prozent seiner Höhe beträgt, sollten Sie Ihr Geschenk wie eine Schachtel einpacken (s. Abb. 4). Falls nicht, rollen Sie das Papier um den Zylinder herum. Lassen Sie es an der Längsseite zum Festkleben etwas überlappen (s. Abb. 5). Wenn das Papier oben und unten um etwas mehr als die Länge des Radius übersteht, können Sie den Zylinder sogar wie ein Bonbon zubinden.

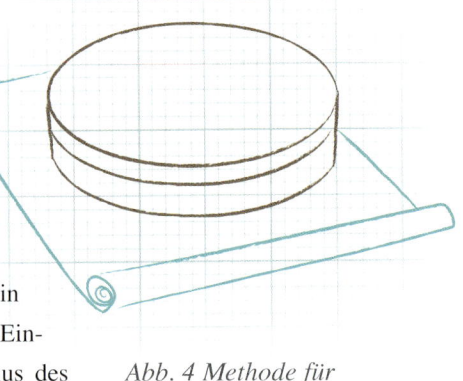

Abb. 4 Methode für flache Zylinder

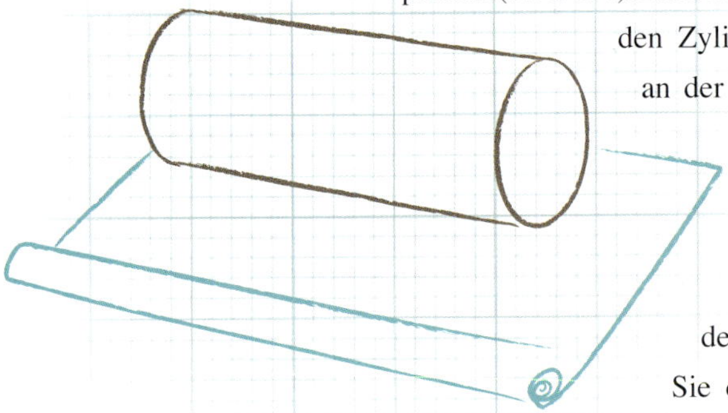

Abb. 5 Methode für hohe Zylinder

Runde Objekte wie Bälle sind besonders kniffelig. Dafür brauchen Sie mindestens so viel Papier, wie die Oberfläche misst (die Formel zur Berechnung ist $2\pi d^2$, wobei d für den Durchmesser steht). Die richtige Herausforderung ist aber das Verpacken selbst. Eine Option ist, das Papier zu zerschneiden und die Stückchen um den Ball herumzukleben (dazu braucht es aber eine ganze Menge Geschick). Oder Sie legen den Ball ganz einfach in eine Schachtel. Wie man die verpackt, wissen Sie ja jetzt.

Wurftechniken im Visier

Haben Sie schon einmal ein Baseballspiel angeschaut? Dann ist Ihnen sicher aufgefallen, dass der Pitcher ganz verschiedene Wurftechniken und Geschwindigkeiten einsetzt, um seinen Gegenspieler zu täuschen. Aber wenn es beim Spiel nur um Wurfrichtung, Geschwindigkeit und Schwerkraft ginge, wäre Baseball (und so ziemlich jede andere Ballsportart) auch eine ziemlich langweilige Angelegenheit ...

DER MAGNUS-EFFEKT

Für ein gutes Spiel reicht es nicht aus, den Ball mit der richtigen Dosis Kraft in die gewünschte Richtung zu befördern. Die nötige Raffinesse entsteht nämlich erst, wenn man dem Ball einen Drall gibt, damit er eine Kurve beschreibt. Was dabei passiert, nennen Wissenschaftler den Magnus-Effekt.

Die nachfolgende Grafik (Abb. 1) zeigt einen sich drehenden Ball. Die blauen Pfeile visualisieren die vorbeiströmende Luft. Weil die un-

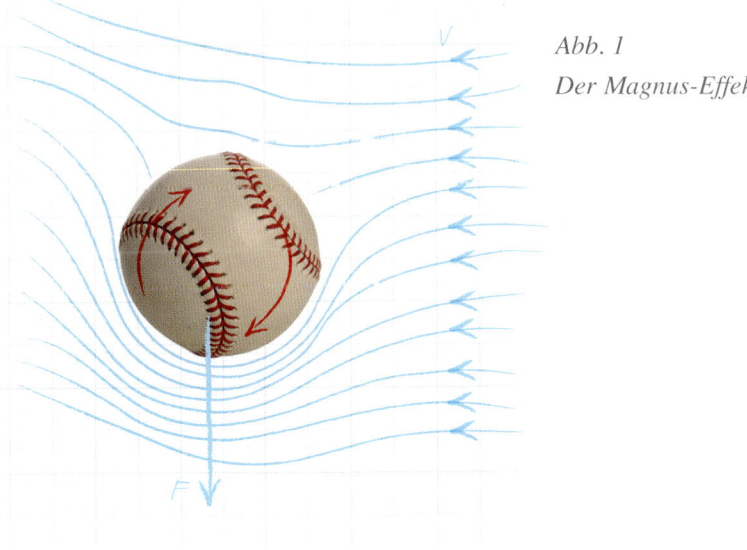

Abb. 1
Der Magnus-Effekt

tere Hälfte des Balls sich mit dem Luftstrom dreht, bewegt diese sich relativ schnell. Die obere Hälfte muss gegen die Luft arbeiten und ist darum langsamer. Durch die beiden unterschiedlichen Geschwindigkeiten entstehen in der Luft leichte Druckunterschiede. Daraus resultiert eine nach unten gerichtete Kraft (der mit F wie „force" beschriftete Pfeil), die als Magnus-Effekt die Kurve des Balls bewirkt.

Noch komplizierter wird der Sachverhalt durch die Tatsache, dass die Luft nicht von Anfang an gleichmäßig um den Ball fließt. Wenn der Ball hart geworfen oder geschlagen wird, fliegt er zunächst eine gewisse Strecke geradeaus und fängt erst dann an, sich zu drehen und eine Kurve zu beschreiben.

VOM AMATEUR ZUM BALLKÜNSTLER

Mit dem Wissen um den Magnus-Effekt können Sie Ihre Fertigkeiten beim Spielen verfeinern und so beispielsweise beim Basketball einen Curveball werfen.

Weil die Flugbahn des Balls durch den Drall viel weniger berechenbar wird, nutzt ein guter Werfer den Magnus-Effekt zu seinem Vorteil. Je nachdem, wie er seine Hand oder seinen Arm einsetzt, kann er den Ball mit verschiedensten Kurven in die unterschiedlichste Richtungen dirigieren. Bei besagten Curveball wird der Ball beispielsweise mit einem Topspin geworfen. Dadurch fällt er schneller in Richtung Boden, als das allein durch die Schwerkraft passieren würde.

Für einen perfekten Curveball muss man den Baseball richtig greifen, und zwar mit dem Mittelfinger in einer der schwarzen Rillen. Beim Loslassen des Balls zieht man die gekrümmte Hand dicht am Körper von oben nach unten. Das Handgelenk gibt dabei dem Ball seinen Drall, und dann nimmt die Physik ihren Lauf.

Dasselbe Prinzip lässt sich beim Schlagen anwenden. In einer 2007 an der University of Illinois veröffentlichten Arbeit („Die Auswirkung des Dralls auf den Flug eines Baseballs") beschreibt Alan M. Nathan

Abb. 2 Die Wirkung
der verschiedenen Kräfte

unter anderem, wie man mit Hilfe des Magnus-Effekts seine Chancen auf einen Homerun verbessern kann. Seine Ausführungen, wie die involvierten Kräfte sich auf den Ball auswirken, werden in der Grafik oben (Abb. 2) verdeutlicht.

Dabei ist F_D der durch die Luft verursachte Widerstand, v die Geschwindigkeit, F_G die Wirkung der Schwerkraft, F_M der Magnus-Effekt und ω die Winkelgeschwindigkeit des Balls.

In der Publikation wird belegt, dass der Magnus-Effekts nach folgender Gleichung errechnet werden kann:

$$F_M = \tfrac{1}{2}C_L \rho A v^2$$

C_L steht für den Liftkoeffizienten (also den Auftriebsbeiwert), ρ für die Luftdichte und A für die Querschnittsfläche des Balls. Daraus leitet sich ab, dass C_L von der Winkelgeschwindigkeit ω abhängt.

Die Winkelgeschwindigkeit wiederum hängt mit der Stärke des Dralls zusammen. Beim Baseball bedeutet das, dass der Batter (also der Schläger) den Ball von unten treffen muss, damit er einen Rückwärtsdrall bekommt. Der Rückwärtsdrall verstärkt den Magnus-Effekt und sorgt so dafür, dass der Ball besonders hoch und lange fliegt. Und das muss er auch, wenn man einen Homerun versuchen will.

Gärtnern für Dummies

Der Anbau von Obst und Gemüse kann eine lohnende Angelegenheit sein. Wenn Sie an einem sonnigen Tag frische Möhren oder knackige Äpfel ernten, wissen Sie, dass sich die viele Arbeit gelohnt hat, die Sie bei Wind und Wetter in Ihren Garten gesteckt haben. Damit das auch weiterhin so bleibt, dürfen Sie eines nie vergessen: Wenn Sie in einem Beet Jahr für Jahr immer dasselbe anpflanzen, laugt der Boden aus. Und dadurch wird die Ausbeute und auch das Erntegut immer kleiner.

KLEINE PFLANZENKUNDE

Zur Produktion der „Nahrung", die sie zum Wachsen brauchen, nutzen die Pflanzen Photosynthese. Dabei wird Kohlendioxid und Wasser mit Hilfe von Sonnenlicht in Sauerstoff und Kohlenhydrate (sprich: die benötigten Nährstoffe) aufgespalten. Wenn diese drei Zutaten ausreichend zur Verfügung stehen, ist der erste Schritt zu einer reichen Ernte schon getan.

Ein bisschen Erde kann auch nicht schaden. Erde gibt der Pflanze nicht nur Halt, sondern erleichtert ihr über das Wurzelsystem auch den Zugang zu Wasser und Nährstoffen, wodurch sie schneller wachsen kann. Es geht aber auch ohne. So ziemlich jede Pflanze kann auch hydroponisch angebaut werden – also in einem Behälter, der statt dem üblichen Boden eine Nährlösung enthält.

KLEINE HELFER IN DER ERDE

Vor allem in Gemüsebeeten verliert der Boden irgendwann an Substanz. Um für neue Nährstoffe zu sorgen, benutzen viele Gärtner Kompost. Die Herstellung ist eigentlich denkbar einfach: Man schmeißt einfach Obst- und Gemüsereste, Rasenschnitt und andere pflanzliche Abfälle auf einen Haufen. Nach ein paar Monaten ist daraus wie durch ein Wunder ein gehaltvolles, erdähnliches Material geworden, das nach dem Einarbeiten in die oberste Bodenschicht die Pflanzen sprießen lässt. Das vermeintliche Wunder lässt sich allerdings wissenschaftlich erklären.

Dazu muss man sich nur die Prozesse anschauen, die bei seiner Entstehung ablaufen.

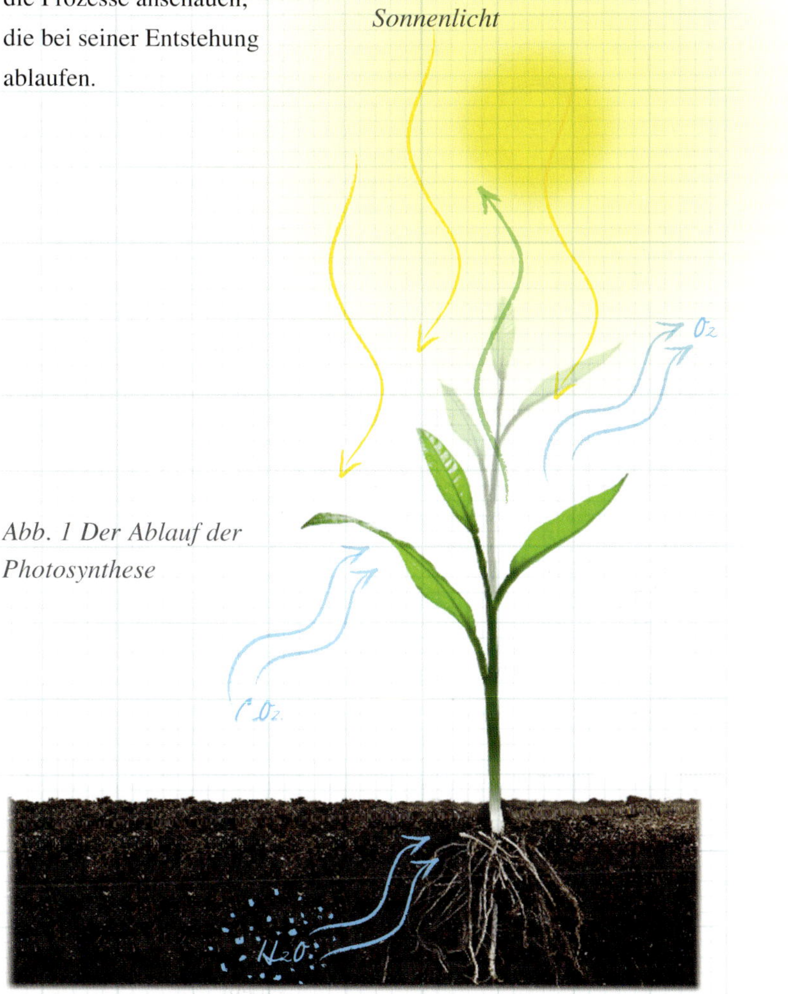

Sonnenlicht

O_2

Abb. 1 Der Ablauf der Photosynthese

CO_2

H_2O

Sobald die Pflanzenabfälle auf dem Komposthaufen gelandet sind, machen sich ganze Armeen von Tieren an die Arbeit. Würmer, Ameisen, Milben und Käfer kauen sich durch das Material und zerlegen es so in kleinere Bestandteile.

Dann beginnt die so genannte mesophile Fermentation, die meist ein paar Tage dauert. Während dieser Phase sind Mikroben am Werk – also Bakterien, Pilze und andere Kleinstlebewesen. Die fangen an, die Kohlestoffverbindungen der Abfälle zu oxidieren. Bei diesem Prozess entsteht Hitze, die im Komposthaufen die Temperatur steigen lässt.

Nun sind thermophile (also Hitze liebende) Organismen wie Bazillen an der Reihe und setzen den Protein- und Eiweißabbau fort. Außerdem wird die Zellulose, also das Strukturskelett der Pflanzen, in ihre Bestandteile zerlegt. Wenn diese Materialien aufgebraucht sind, sinkt die Temperatur im Komposthaufen und die mesophilen Organismen übernehmen wieder. Nach ein paar Monaten ist – mit ein bisschen Glück – ein dunkler Kompost entstanden, der einen hohen Gehalt an Nährstoffen und insbesondere an Nitraten hat.

EIN AUSGEWOGENES MENÜ

Für einen guten Kompost müssen die Bedingungen im Komposthaufen stimmen. Besonders wichtig ist das Verhältnis zwischen Kohlenstoff *(C)* und Stickstoff *(N)*. Die Mikroben arbeiten bei einem Verhältnis von 30:1 *(C:N)* am effizientesten. Ist das Verhältnis anders, läuft der Kompostierungsprozess langsamer ab oder es wird streng riechendes Ammonium freigesetzt. Trockenes, braunes Material wie Sägemehl, verdorrte Blätter oder Stroh haben einen hohen Kohlenstoffgehalt. Grüne Blätter oder Küchenabfälle enthalten dagegen viel Stickstoff. Lassen Sie Ihren Rasenschnitt also lieber zu Heu werden, bevor Sie ihn in den Komposter werfen, damit die Mikroben eine gute Arbeitsatmosphäre haben.

DIE RICHTIGEN BEILAGEN

Eine zentrale Rolle beim Kompostieren spielt auch der Wassergehalt. Wenn sich zu viel Flüssigkeit im Komposthaufen sammelt, weicht er durch und verliert seine Struktur. Ist er zu trocken, verlangsamt sich der Zersetzungsprozess erheblich. Ideal ist ein Wassergehalt von 55 bis 70 Prozent – dann sieht der Haufen wie ein nasser Schwamm aus. Wenn er das nicht tut, nehmen Sie einfach kurz die Gießkanne zur Hand.

Außerdem brauchen die Mikroben, die für die Kompostierung verantwortlich sind, wie jedes Lebewesen Sauerstoff. Bei niedrigem Sauerstoffgehalt läuft der Prozess zwar trotzdem ab, aber langsamer und geruchsintensiver. Versierte Gärtner wenden darum ihren Kompost einmal pro Woche. Durch das Umschichten bekommen ihre kleinen Helfer wieder frischen Schwung.

Bremsen auf den Punkt

Wenn vor Ihnen die Rücklichter eines Autos aufleuchten, gehen Sie automatisch auf die Bremse. Wenn der Abstand stimmt, kommen Sie sicher zum Stehen. Falls Sie zu spät reagiert haben, landen Sie auf Ihrem Vordermann und haben im besten Fall nur eine demolierte Stoßstange.

DIE BEWEGUNGSGESETZE

Die Lehre von sich bewegenden Objekten wird mit dem Begriff Mechanik zusammengefasst. Was passiert, wenn diese Objekte beschleunigen oder langsamer werden, lässt sich mit einer Reihe Gleichungen berechnen, von denen diese beiden die wichtigsten sind:

$$v = u + at$$

und

$$v^2 = u^2 + 2as$$

Dabei steht v für die Endgeschwindigkeit, u für die Anfangsgeschwindigkeit, a für die Beschleunigung, t für die Zeitspanne der Beschleunigung und s für die zurückgelegte Distanz.

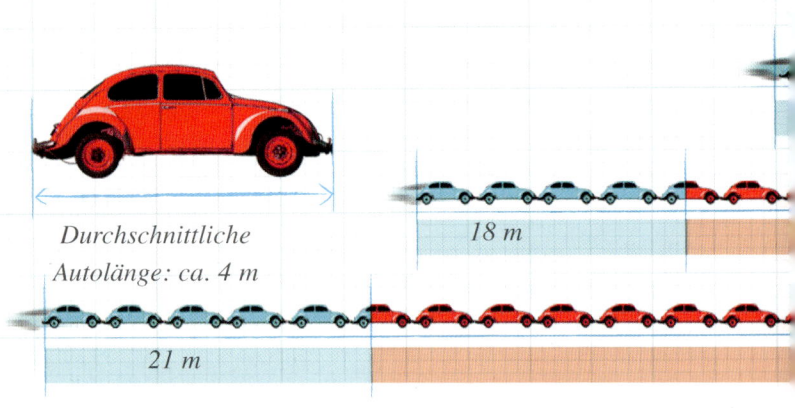

Durchschnittliche
Autolänge: ca. 4 m

18 m

21 m

Jeder Fahrschüler muss sich mit dem Anhalteweg eines Fahrzeugs vertraut machen, der sich aus dem Reaktionsweg und dem Bremsweg zusammensetzt. Als Lernhilfe gibt es Tabellen, in denen der durchschnittliche Anhalteweg bei verschiedenen Geschwindigkeiten gelistet ist (s. unten).

Viele Führerscheinanwärter sind erstaunt, wie rapide der Weg zunimmt, den man zum Anhalten braucht – viel schneller als die Fahrgeschwindigkeit. Bei 40 km/h ist Anhalteweg mehr als doppelt so lang wie bei 20 km/h.

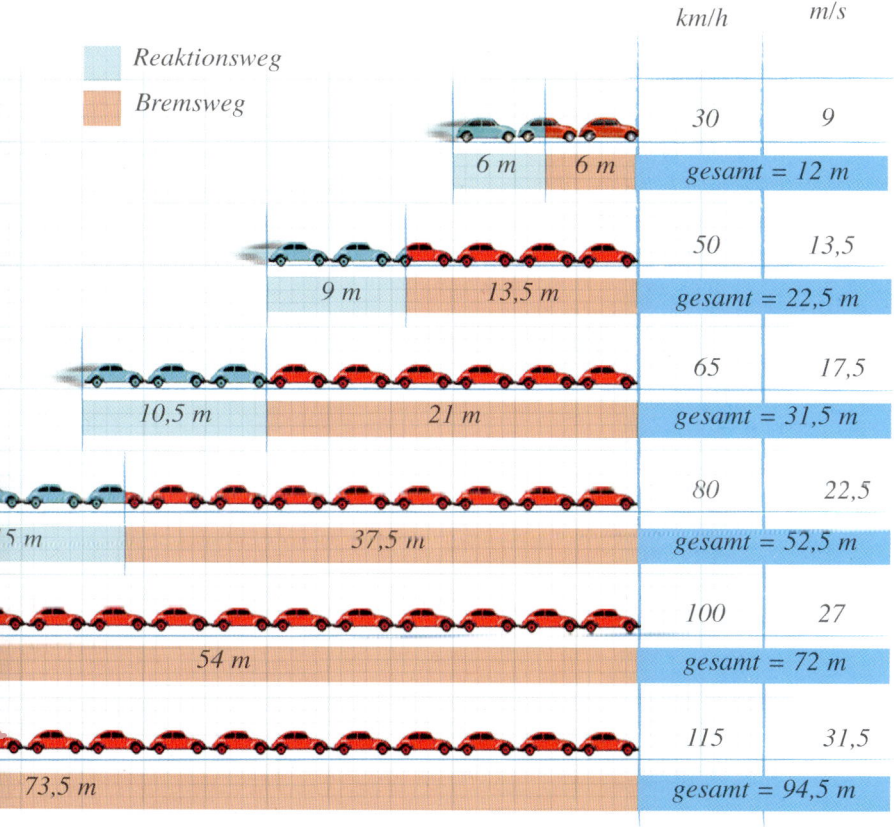

			km/h	m/s
Reaktionsweg				
Bremsweg			30	9
	6 m	6 m	gesamt = 12 m	
			50	13,5
	9 m	13,5 m	gesamt = 22,5 m	
			65	17,5
	10,5 m	21 m	gesamt = 31,5 m	
			80	22,5
15 m		37,5 m	gesamt = 52,5 m	
			100	27
	54 m		gesamt = 72 m	
			115	31,5
73,5 m			gesamt = 94,5 m	

Wie man aus der Tabelle ablesen kann, dauert es ungefähr zwei Drittel einer Sekunde, bis wir die Bremslichter unseres Vordermanns im Gehirn registrieren und selbst auf die Bremse steigen.

DER WEG BIS ZUM STOPP

Mit den oben genannten Gleichungen können wir ausrechnen, wie schnell wir bremsen und wie lange es dauert, bis das Auto steht.

Bei 30 km/h (beziehungsweise 9 m/s) beträgt der Bremsweg sechs Meter. Wenn wir das in die zweite Gleichung einsetzen (also festlegen, dass $v = 0$, $u = 9$ m/s und $s = 6$ m ist) können wir ermitteln, wie wir entschleunigen.

Und so sieht die entsprechende Rechnung aus:

$$v^2 = u^2 + 2as$$
$$a = (v^2 - u^2)/2s$$

$$a = (0 - 81)/2 \times 6$$
$$\text{oder } a = -6{,}75 \text{ m/s.}$$

(Das Minuszeichen weist darauf hin, dass wir nicht beschleunigen, sondern bremsen – also entschleunigen.)

Jetzt können wir mit der Gleichung $v = u + at$ ausrechnen, wie lange es bis zum endgültigen Anhalten dauert. Wenn wir nach t auflösen, kommen wir zu folgendem Resultat:

$$t = (v - u)/a$$

$$t = (0 - 9)/-6{,}75$$
$$\text{oder } t = 1{,}33 \text{ Sekunden}$$

Wenn man diese Zahl zur Reaktionszeit addiert, ergibt sich eine Anhaltezeit von zwei Sekunden.

MATHEMATIK GEGEN UNFALL

Diese Bewegungsgleichungen stimmen natürlich nur, wenn die Be- oder Entschleunigung konstant ist. In der Praxis würde das bedeuten, dass Sie Ihren Fuß immer in derselben Position auf dem Bremspedal halten. Tatsächlich verstärken Sie aber die Entschleunigung, indem Sie das Pedal durchtreten. Darum ist der reale Bremsweg etwas kürzer als in der Tabelle angegeben.

Mit Hilfe der beiden Gleichungen können Sie jetzt den Anhalteweg und die Anhaltezeit für jede beliebige Geschwindigkeit ausrechnen. Das ist besonders auf Autobahnstrecken ohne Geschwindigkeitsbegrenzung von Vorteil, weil Sie so wissen, wie groß der Abstand zu Ihrem Vordermann mindestens sein sollte.

Zum Schluss noch ein kleiner Hinweis: Wie Sie erfahren haben, spielt die Reaktionszeit beim Bremsen eine wichtige Rolle. Je schneller Sie reagieren, desto schneller können Sie anhalten. Wenn Sie durch ein bisschen Training Ihre Reaktionszeit halbieren, können Sie den Reaktionsweg um bis zu zehn Meter verkürzen – also mehr als zwei Autolängen. Und das könnte genau der Abstand sein, der Sie im Fall der Fälle vor einem Auffahrunfall bewahrt.

Tasse für Tasse mehr Aroma

Pro Tag werden rund um den Globus unzählige Tassen Tee getrun-
ken. Es ist also kein Wunder, dass sich Menschen darüber den Kopf
zerbrechen, wie er am besten schmeckt. Mit Milch? Und wenn ja,
schenkt man die vor oder nach dem Tee ein? Sollte man die Kanne
anwärmen? Und darf man Tee nur in Porzellantassen servieren?
Zum Glück hat die Wissenschaft einige Antworten zu diesem uner-
schöpflichen Thema parat.

Die internationale Normierungsorganisation ISO legt Standards für so ziemlich jedes Produkt fest, das es gibt – vom Stahldraht bis zum Schraubengewinde und von der Computerhardware bis zum System für Umweltmanagement. Seit 1980 hat sie auch in Sachen Teezubereitung eine klare Empfehlung. Die entsprechende Norm trägt die Spezifizierung „Tee – Herstellung eines Auszugs zur Ver- wendung bei sensorischer Analyse". Dabei geht es allerdings nicht darum, die perfekte Zubereitungsmethode zu definieren. ISO 3103 soll vielmehr den Job der Geschmackstester einfacher machen, in- dem sie Rahmenbedingungen für einen objektiven Vergleich schafft. Sinngemäß sind das in etwa die folgenden:

- Die Teekanne soll aus Porzellan oder Steingut sein. Das Gewicht soll bei kleinen Exemplaren 118 g und bei großen 200 g betragen.
- Die Kanne soll bis zwischen vier und sechs Millimeter unter dem Rand mit kochendem Wasser gefüllt werden.
- Der Tee soll genau sechs Minuten ziehen.
- Wenn Milch zugegeben wird, soll diese zuerst in die Tasse, damit sie nicht durch den heißen Teeaufguss ausflocken kann. (Dazu merkt die ISO an, dass Milch nicht zwingend notwen- dig ist, unter Umständen aber bei der Differenizerung von Ge schmack und Farbe hilfreich sein kann.)

In die Kontroverse, wie man eine richtig gute Tasse aufbrüht, haben sich mittlerweile auch Chemiker eingeschaltet. 2003 hat die in Großbritannien beheimatete Royal Society of Chemistry (RSC) ihre eigene Norm entwickelt.

DAS PERFEKTE WASSER

Die Wissenschaftler empfehlen, den Tee mit frisch gekochtem weichem Wasser aufzubrühen. „Wasser, das nicht direkt nach dem Kochen verwendet wird, hat schon einen Teil seines Sauerstoffs verloren. Und der ist wichtig, damit sich das Aroma entwickeln kann", erläutert Dr. Andrew Stapley von der Loughborough University. „Bei hartem Wasser besteht die Gefahr, dass sich durch die enthaltenen Mineralien ein unappetlicher Film an der Oberfläche bildet."

DIE PERFEKTE KANNE

Eine weitere Empfehlung der RSC ist eine Kanne aus Keramik, weil dieses Material den Geschmack des Tees am wenigsten verfälscht. Die Kanne ist mit ein wenig Wasser in der Mikrowelle vorzuwärmen. Das schüttet man dann weg, bevor das Teewasser eingefüllt wird.

drei Minuten ziehen lassen

DIE PERFEKE ZIEHZEIT

Pro Person kommt ein gehäufter Teelöffel Tee in die Kanne. Der wird dann mit kochendem Wasser übergossen und soll drei Minuten ziehen. Nach Ansicht der RSC ist die Ziehzeit ein kritischer Punkt. „Dass man den Tee länger ziehen lassen soll, weil dann mehr Teein freigesetzt wird, ist ein Ammenmärchen. Die Teein-Infusion ist nach einer Minute fast vollständig abgeschlossen. Etwas länger dauert es, bis die polyphenolischen Verbindungen freigesetzt werden, also die Tannine, die für Farbe und Geschmack verantwortlich sind. Wenn man den Tee zu lange ziehen lässt, bekommt er Tannine mit einem hohen Molekulargewicht ab, die für einen unangenehmen Nachgeschmack sorgen.“

DIE ZUGABE VON MILCH

Die RSC vertritt die Ansicht, dass die Milch zuerst in die Tasse gehört, „damit der Tee eine satte und schöne Farbe bekommt“. Außerdem wird dadurch ein Prozess verhindert, der als Denaturierung bezeichnet wird und sich auf den Geschmack auswirkt. „Beim Eingießen in den Tee trennt sich die Milch in einzelne Tropfen. Durch den Kontakt mit der heißen Flüssigkeit findet in den Tropfen eine Veränderung der Eiweißproteine statt. Das ist weitaus unwahrscheinlicher, wenn man den Tee auf die Milch gibt.“

In einem nicht-wissenschaftlichen Zusatz merkt die RSC an, dass die Trinktemperatur des Tees zwischen 60 und 65° C betragen sollte, „um vulgäres Schlürfen zu vermeiden, zu dem es bei dem Versuch, zu heißen Tee zu trinken, unweigerlich kommt“.

Fotografieren mit klarem Fokus

Seit es Digitalkameras gibt, machen sich Hobbyfotografen weniger Gedanken über die Bildkomposition als noch in analogen Zeiten. Früher musste man nämlich erst für Filmentwicklung und Abzüge in die Tasche greifen, bevor man das Ergebnis seiner Knipsaktion sehen konnte. Aber auch heute kann ein wenig Nachdenken nicht schaden, damit die Fotos den professionellen oder künstlerischen Look bekommen, der dem abgelichteten Motiv gerecht wird.

Möchten Sie vermeiden, dass von zig Aufnahmen nur ein paar halbwegs brauchbare Fotos übrig bleiben? Und stattdessen richtig gute Bilder machen? Dann sollten Sie Ihre Fotografierkünste mit Hilfe der Wissenschaft ein wenig aufpolieren.

DER GOLDENE SCHNITT

Schon vor über 2.000 Jahren beschäftigten sich die alten Griechen mit der Lehre vom Goldenen Schnitt. Pythagoras (der durch seine Dreieck-Formel berühmt wurde) war einer der ersten, die ausführliche Berechnungen zu diesem Thema anstellten. Als Mathematiker interessierte ihn allerdings nur der geometrische Aspekt.

1509 veröffentlichte sein italienischer Kollege Luca Pacioli, ein Zeitgenosse von Leonardo da Vinci, ein Buch mit dem Titel De Divina Proportione. In seiner Abhandlung belegte der Mathematiker, dass der Goldene Schnitt auch für die Bereiche Kunst und Architektur von großer Bedeutung war. Viele Maler und Architekten der Renaissance komponierten ihre Werke nach dem Goldenen Schnitt und gaben ihnen so eine Ästhetik, die sie als besonders ansprechend empfanden.

Stellen Sie sich zur Visualiserung des Prinzips eine Gerade vor, die aus zwei Teilen besteht. Wie auf der folgenden Seite abgebildet,

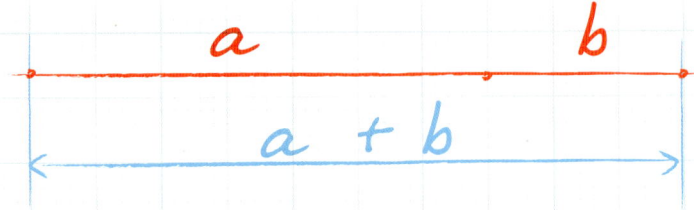

hat ein Teil die Länge *a* und der andere die Länge *b*. Die Gesamtlänge der Geraden beträgt also *a* + *b*.

Der Goldene Schnitt (der in der Mathematik mit dem griechischen Buchstaben *phi* Φ dargestellt wird) ist gegeben, wenn folgende Gleichung gilt:

$$\Phi = (a + b)/a = a/b$$

Sein Wert entspricht der Zahl 1,618033... (wobei sich die Stellen rechts vom Komma unendlich wiederholen, was Φ zu einer irrationalen Zahl macht).

DIE FIBONACCI-FOLGE

Eine zentrale Rolle beim Goldenen Schnitt (und somit auch für die Bildkomposition) spielt die so genannte Fibonacci-Folge, eine Reihe von Zahlen, die sich wie folgt aufbaut:

$$1\ \ 1\ \ 2\ \ 3\ \ 5\ \ 8\ \ 13\ \ 21\ \ 34\ \ 55\ \ 89 \dots$$

Jede Zahl dieser Folge (die sich unendlich fortsetzt) ist die Summe der beiden vorhergehenden Zahlen. Die nächste Zahl der Folge wäre also *55 + 89 = 144*. Interessant wird es, wenn Sie die Zahlen durch ihre Vorgängerzahl teilen. Es stellt sich nämlich heraus, dass die Ergebnisse fast identisch sind und sich immer weiter annähern, je größer die gewählten Zahlen sind. So ist beispielsweise *89 : 55 = 1,61818*. Kommt Ihnen das irgendwie bekannt vor? Tatsächlich nähert sich der Quotient (also das Ergebnis der Division) immer mehr dem Wert des Goldenen Schnitts an, je weiter hinten die beiden Faktoren in der Fibunacci-Folge stehen.

DIE NATUR IN ZAHLEN

Die Fibonacci-Folge kommt aber nicht nur im Goldenen Schnitt, sondern auch in der Natur vor. Bei Pflanzen entspricht die Anzahl von Trieben und Blättern oder der Samen in einer Kapsel oft einer Zahl aus dieser faszinierenden Reihe.

Auch in der charakteristischen Spiralform der Nautilus-muschel verbergen sich Zahlen aus der Fibonacci-Folge. Darum kann man eine Nautilusspirale auch selbst konstruieren, indem man die Größe der aufeinanderfolgenden Segmente (oder genauer gesagt ihre Seitenlänge) genau nach den Fibonacci-Zahlen anlegt. Wenn man in jedes Segment dann einen Viertelkreis zeichnet, kommt das Ergebnis seinem Vorbild verblüffend nah und lässt zudem den Goldenen Schnitt erkennen (s. Abb. 1).

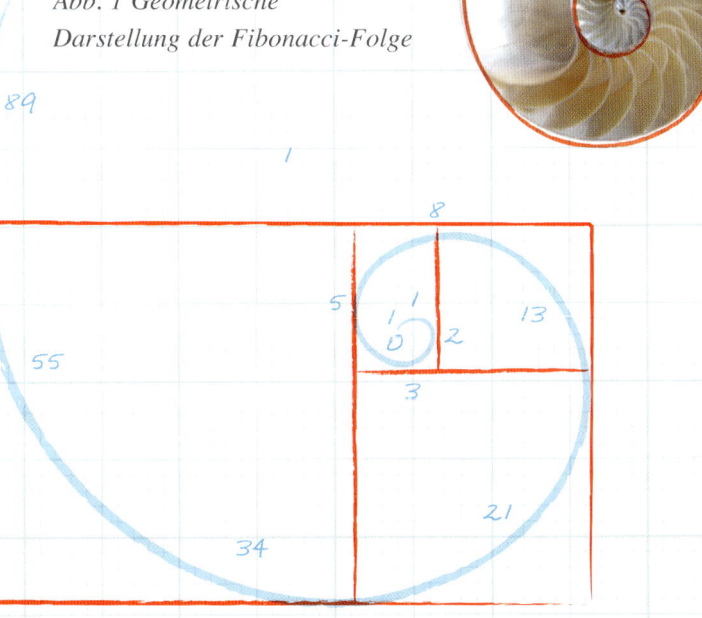

Abb. 1 Geometrische Darstellung der Fibonacci-Folge

89

1

8

5

1

0

2

13

55

3

21

34

Vielleicht war es diese Verbindung zur Natur, die den Goldenen Schnitt für die Renaissancekünstler so reizvoll machte. Indem Sie ihn bei ihren Werken anwandten, hatten Sie das Gefühl, in Gottes Fußstapfen zu treten (oder zumindest in die von Mutter Natur).

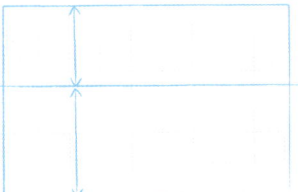

Abb. 1

DER GOLDENE AUSSCHNITT

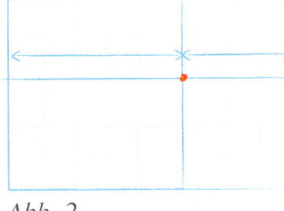

Abb. 2

Wenn Sie Ihre Fotos nach dem Goldenen Schnitt aufbauen wollen, müssen Sie nur den Sucher Ihrer Kamera etwas anders benutzen. Ziehen Sie gedanklich eine waagerechte Linie, mit der Sie die rechteckige Fläche so aufteilen, dass die Höhe der beiden Segmente etwa im Verhältnis 1:1,618033 (dem Wert des Goldenen Schnitts) stehen.

Dasselbe machen Sie mit einer senkrechten Linie, die das Rechteck ebenfalls im Goldnenen Schnitt teilt.

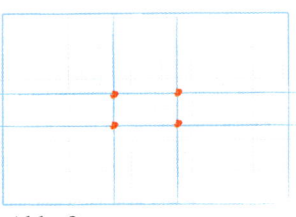

Abb. 3

Die beiden Linien schneiden sich am rot markierten Punkt (s. Abb. 2).

Wenn Sie die beiden Linien dann spiegeln, ergeben sich drei weitere Schnittpunkte in Ihrem Sucher (Abb. 3).

Die roten Punkte sind der Schlüssel zu einem guten Foto. Bei einer ausgewogenen Bildkomposition befindet sich der wichtigste Teil nämlich an einem dieser

imaginären Schnittpunkte und nicht etwa in der Mitte.

Schauen Sie sich unsere Beispielfotos mit der Insel einmal genauer an. Auf dem ersten sitzt die Insel genau in der Mitte. Auf dem zweiten erkennen Sie, wie man mit Hilfe der roten Punkte einen besseren Ausschnitt wählt. Das Resultat sehen Sie dann auf Foto Nummer drei. Die meisten Menschen finden die Komposi-

tion auf diesem Bild gelungener, obwohl sie nicht genau sagen können, warum – es fühlt sich einfach besser an. Noch raffinierter wird der Bildaufbau, wenn Sie das Auge des Betrachters mit einem geeigneten Element von einer Ecke des Fotos zu einem der Schnittpunkte gelenkt wird – zum Beispiel mit einem Zaun oder einem Pfad. Die Kür ist dann natürlich, die Komposition nach dem „Nautilus-Prinzip" spiralförmig anzulegen, also mit Hilfe der Fibonacci-Folge aufzubauen. Womit bewiesen wäre, dass Mathematik sogar in der Kunst eine Rolle spielt.

Schneller, höher, weiter

Ballwerfen gehört zu den Dingen, die so ziemlich jeder Mensch schon als Kind lernt. Doch selbst, wenn man schon längst erwachsen ist, landet der Ball meist nur ein paar Meter entfernt auf dem Boden. Was also macht einen guten Baseball- oder Handballspieler aus? Um ein Weltklasse-Werfer zu werden, muss man wissen, wie Schwerkraft, Ballistik und die menschliche Physiologie zusammenwirken.

DIE RICHTIGE RICHTUNG

Viele von uns haben keine Ahnung, warum ein Ball nach dem Werfen so fliegt, wie er fliegt. Wissenschaftler haben mehrere Jahrhunderte lang untersucht, welche Faktoren eine Flugbahn beeinflussen – meist mit Kanonen- oder Gewehrkugeln als Studienobjekt. Der italienische Wissenschaftler Galileo Galilei erkannte als erster die Bedeu-

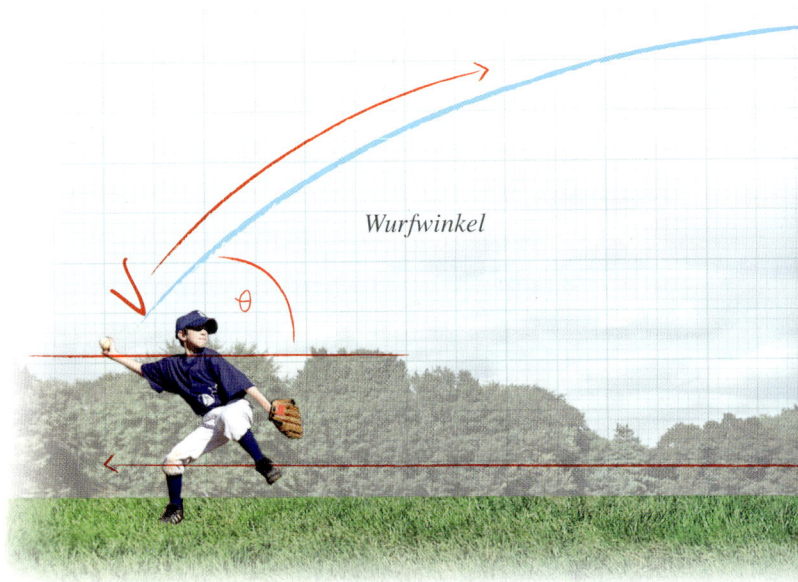

Wurfwinkel

tung der Schwerkraft für die Flugbahn. Sobald der Ball nach dem Werfen die Hand verlässt, wird er von der Schwerkraft in Richtung Boden gezogen.

Bei Berechnung der Flugbahn spielt die Geschwindigkeit v des Balls eine Rolle. Da der Wert v ein Vekor ist (weil er eine Richtung beschreibt), besteht er aus einer vertikalen Komponente v_v und einer horizontalen Komponente v_h, die wie folgt definiert sind:

$$v_v = v \sin \theta$$
$$v_h = v \cos \theta$$

Dabei steht θ für den Winkel zwischen dem Weg des Balls und dem Boden (s. Abb. 1).

Wenn es keinen Gegenwind gibt, bleibt vh während des gesamten Flugs konstant. v_v allerdings verändert sich. Wenn der Ball sich auf dem höchsten Punkt der Flugbahn befindet, bewegt er sich nicht mehr in die Vertikale, der Wert von v_v ist also Null.

Abb. 1 Berechnung der Wurfdistanz

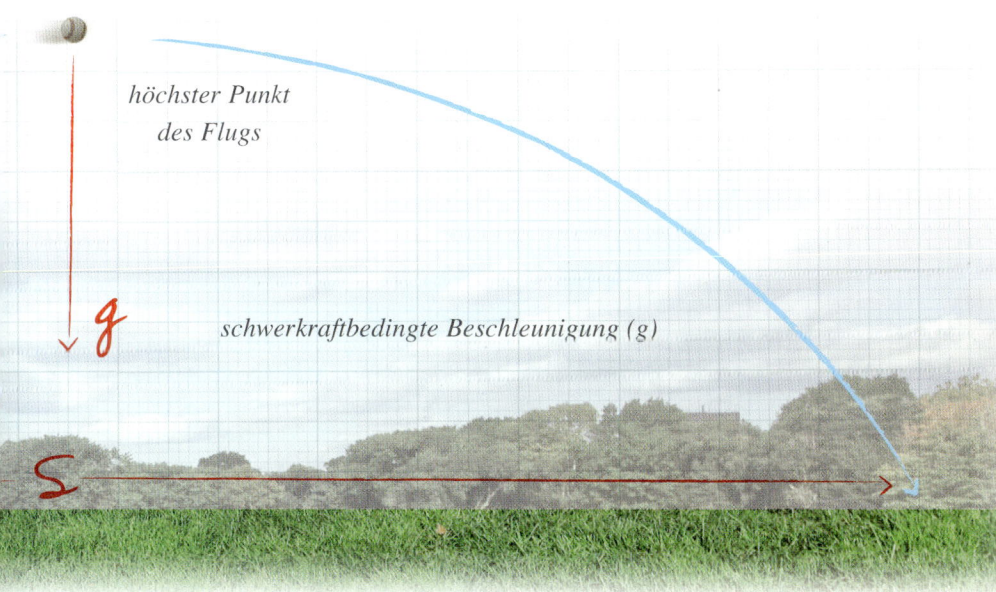

höchster Punkt
des Flugs

g

schwerkraftbedingte Beschleunigung (g)

S

Um herauszufinden, wie lange es bis zum Erreichen des Scheitelpunkts der Flugbahn dauert, setzen wir die folgende Gleichung an:

$$v = u + at$$

Hier steht v für die Endgeschwindigkeit, u für die Anfangsgeschwindigkeit, a für die Beschleunigung und t für die Zeitspanne.
Wenn wir uns auf die vertikale Komponente konzentrieren und die
bekannten Werte in die Gleichung einsetzen, gestaltet sich das
Ganze dann so:

$$0 = v_v - gt$$

Da die Endgeschwindigkeit am Scheitelpunkt Null beträgt, ist v_v
die vertikale Anfangsgeschwindigkeit und t die Zeit, die vom Abwurf
bis zum Erreichen des Scheitelpunkts vergeht. An die Stelle von a
haben wir den Wert $-g$ gesetzt, wobei g für die schwerkraftbedingte
Beschleunigung steht (9,8 Meter pro Sekunde im Quadrat). Das Minus trägt der Tatsache Rechnung, dass die Geschwindigkeit ab- und
nicht zunimmt.

Dementsprechend berechnet sich die Zeit bis zum Erreichen des
Scheitelpunkts wie folgt:

$$t = v_v/g = v\sin\theta/g$$

Weil damit aber nur die halbe Flugbahn berechnet ist, beträgt die
gesamte Flugzeit T des Balls das Doppelte, also:

$$T = 2_v\sin\theta/g$$

Die horizontale Geschwindigkeit ist, wie wir wissen, konstant.
Darum ist die vom Ball zurückgelegte Entfernung s die horizontale
Geschwindigkeit mal die Gesamtflugzeit T, also:

$$s = v_h \times T$$

oder

$$s = v\cos\theta \times 2v\sin\theta/g = 2v^2\sin\theta\cos\theta/g$$

Da g eine Konstante ist, wird klar, dass die Entfernung, die ein
Ball fliegt, von der Anfangsgeschwindigkeit und vor allem dem Winkel abhängt, in dem er geworfen wird.

DER PERFEKTE WINKEL

Da die Fluggeschwindigkeit durch die physische Stärke des Werfers begrenzt wird, ist es umso wichtiger, den perfekten Abwurfwinkel zu treffen. Um den herauszufinden, führen wir unsere mathematischen Überlegungen fort, und zwar mit Hilfe der Differenzialrechnung. Und die bringt uns zu dem Ergebnis, dass der optimale Winkel 45 Grad beträgt. (Die Herleitung sparen wir uns an dieser Stelle, aber wenn Sie möchten, können Sie gerne das Differenzial $ds/d\theta$ berechnen und es auf Null setzen.)

Soweit die Theorie. In der Praxis muss man allerdings noch andere Faktoren berücksichtigen. Der Luftwiderstand beispielsweise bremst den Ball deutlich ab (wobei der zu überwindende Widerstand proportional zur Geschwindigkeit im Quadrat ist). Und durch Seitenwind kann ein Ball von der vorgesehenen Flugbahn natürlich auch abkommen.

Dann spielt noch das Verhältnis zwischen Geschwindigkeit und Wurfwinkel eine Rolle. Rein rechnerisch geht man davon aus, dass man dieselbe Wurfgeschwindigkeit in jedem beliebigen Winkel erreichen kann. Weil Gelenke und Muskeln aber nur bestimmte Bewegungen ausführen können, ist das in der Praxis nicht möglich.

2006 haben Nicholas Linthorne und David Everett am Sportinstitut der Brunel University den besten Winkel für einen Einwurf beim Fußball ermittelt. Über Videoanalyse haben sie herausgefunden, dass der bei etwa 30 Grad liegt. Dabei kann der Ball nämlich viel schneller geworfen werden als bei 45 Grad. Wie genau der optimale Winkel sein muss, hängt dann von der Größe, der Muskelkraft und der Wurftechnik des einzelnen Spielers ab.

Der Konkurrenz davonsegeln

Für Laien wird eine Yacht einfach nur vom Wind angetrieben, der von hinten in die Segel bläst. Das stimmt auch, solange man in Windrichtung segelt. Und dass es keine gute Idee ist, in die entgegengesetzte Richtung zu steuern, sagt einem der gesunde Menschenverstand – schließlich weiß jeder, dass man kaum einen Schritt vorwärts kommt, wenn einem ein Herbststurm entgegenbläst. Damit man ein Segelboot auch bei widrigem Wind ans Ziel bringt, braucht es ein gewisses Grundwissen an Physik und Mathematik.

VOM SEGEL ZUM KIEL

Eine Regatta wäre eine ziemlich öde Angelegenheit, wenn die Boote immer nur in Windrichtung fahren würden (außerdem könnten die Segler dann nie an der Siegerehrung teilnehmen). Zum Glück demonstrieren die Teilnehmer, dass man eine Yacht mit dem richtigen Manöver in so ziemlich jede Richtung steuern kann.

Was diese planvolle Fortbewegung ermöglicht, ist dieselbe Auftriebskraft, die auch Flugzeuge in die Luft bringt. Das Segel funktioniert dabei wie ein Flügel. Weil der Wind auf der einen Seite schneller darübersteichen kann als auf der anderen, entsteht auf den beiden Seiten ein unterschiedlicher Luftdruck. Der wiederum erzeugt die bereits erwähnte Auftriebskraft, die im rechten Winkel auf das Segel einwirkt und auf diese Weise das Boot antreibt.

Wenn die Auftriebskraft im Segel sehr stark ist, würde sie das Fahrzeug seitwärts statt vorwärts bewegen. Um das zu verhindern, haben Yachten eine Art nach unten gerichtetes Segel – den Kiel. Durch das vorbeiströmende Wasser entsteht eine zweite Auftriebskraft. Weil die in die entgegengesetzte Richtung wirkt, wird die Seitwärtsbewegung abgefangen und in eine Vorwärtsbewegung umgewandelt.

Je nach Modell können moderne Segelboote sich in einem Radius zwischen 35 und 90 Grad in Windrichung bewegen. Besonders windschnittig sind Rennyachten, die beispielsweise beim America's Cup oder den Olympischen Spielen zum Einsatz kommen. Um in Windrichtung zu segeln, muss man einen Zickzack-Kurs einschlagen, was in der Fachsprache kreuzen genannt wird. Am Ende jeder Teilstecke wird das Boot um 90 Grad gewendet und somit ein Kurswechsel vorgenommen.

Durch diese Taktik vermeidet man, dass das Boot über längere Strecken gegen den Wind segelt. Dadurch wird die gefahrene Distanz zwar deutlich größer, als wenn man das Ziel direkt ansteuern würde, aber das lässt sich beim Segeln leider nicht vermeiden.

VOLLE KRAFT VORAUS

Wie schafft man es nun, dass man schneller ist als die anderen und das Rennen gewinnt? Es mag vielleicht abwegig erscheinen, aber dazu sollte man das Boot auf Halbwindkurs bringen, also so manövrieren, dass der Wind im rechten Winkel von der Seite einfällt. Ein Bremsfaktor sind dabei allerdings die Wellen, die auf den Bug treffen. Für optimale Fahrt ist es darum wichtig, sich statt am realen Wind am so genannten scheinbaren Wind zu orientieren. Damit ist das Zusammenwirken aus dem Fahrtwind (also der durch die Bewegung des Boots hervorgerufene Gegenwind) und dem realen Wind gemeint.

Da diese beiden Winde unterschiedliche Richtungen und Stärken haben können, muss man sie als Vektoren addieren. Die Grafik auf der folgenden Seite (Abb. 1) visualisiert die Geschwindigkeit des Boots *(V = velocity)*, den Fahrtwind *(H = headwind)*, den realen Wind *(W = wind)* und den scheinbaren Wind *(A = apparent wind)*. Wie Sie sehen, wirkt der scheinbare Wind auf das Segel ein und ist darum für die Auftriebskraft verantwortlich. Je größer er also ausfällt, desto schneller fährt das Boot.

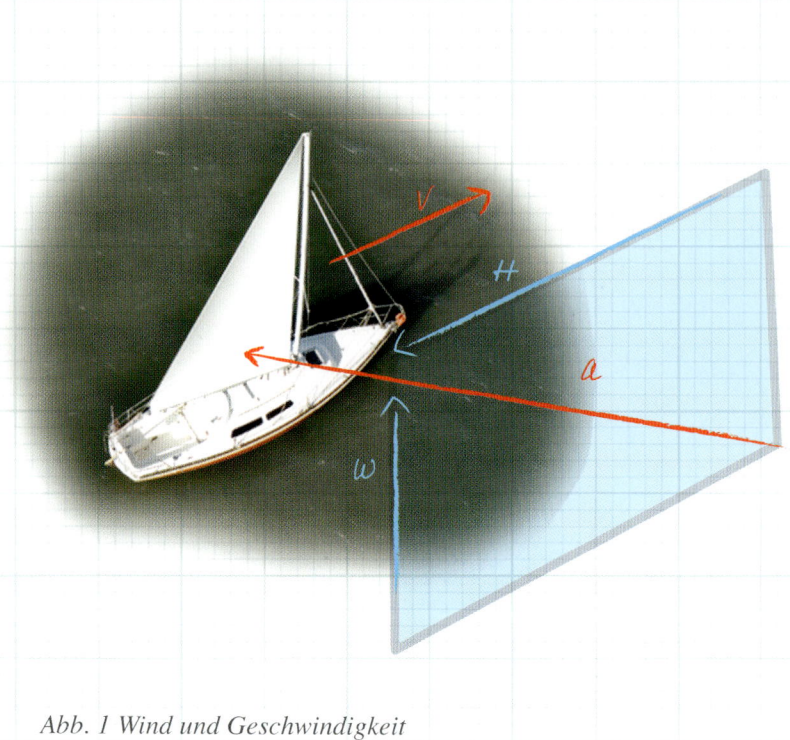

Abb. 1 Wind und Geschwindigkeit

RICHTIG STRECKE MACHEN

Wichtige Segelregatten haben oft einen Dreieckskurs. Der Olympische Kurs beschreibt ein gleichschenkliges Dreieck, bei dem also alle Seiten dieselbe Länge haben und der Winkel zwischen den Schenkeln 60 Grad beträgt. Bei anderen Rennen hat das Dreieck verschieden lange Seiten. Dann müssen die Teilnehmer ein wenig Geometrie und insbesondere die Sinusfunktion beherrschen.

Wenn Sie die Länge der dem Wind zugewandten Seite kennen, können Sie die Winkel des Dreiecks abschätzen und ausrechnen, wie lang die anderen beiden dann sind. Damit haben Sie dann alle nötigen Informationen, um die beste Taktik für den Kurs zu bestimmen.

Schwimmen im Turbogang

Anders als andere Säugetiere sind wir Menschen keine geborenen Schwimmer, sondern müssen diese Fertigkeit erst lernen. Die meisten von uns werden mit ihren Schwimmkünsten wohl kaum olympisches Gold gewinnen. Vielleicht überlegen Sie aber, wie Sie Ihren Stil ein wenig verbessern können. Wir hätten da ein paar Tipps, die Ihnen mit Sicherheit helfen, zügiger und effizienter zu schwimmen.

MIT ALLEN WASSER GEWASCHEN

Geschwindigkeit und Bewegungsrichtung eines Objekts werden von verschiedenen Kräften beeinflusst, die auf es einwirken. Bei einem Schwimmer ist das nicht anders. Er wird von der Schwerkraft nach unten gezogen, während die Auftriebskraft ihn über Wasser hält. Für das Vorwärtskommen sorgt die Kraft, die von Beinen und Armen erzeugt wird. Und der Wasserwiderstand schließlich verlangsamt die Bewegung. An der Schwerkraft können wir nichts ändern. Aber wir können überlegen, wie man den Wasserwiderstand reduzieren kann, damit wir schneller und kraftvoller schwimmen.

Die beiden wichtigsten Faktoren beim Schwimmen sind die Frequenz und die Länge der Züge. Die beste Leistung erzielt man, wenn beide optimal synchronisiert sind. Wenn Sie so schnell durchziehen, wie es nur geht, fallen Ihre Züge relativ kurz aus und Sie werden ziemlich schnell müde. Außerdem lehrt uns die Physik, dass sich der Wasserwiderstand mit zunehmender Geschwindigkeit rapide erhöht. Der Schlüssel zum Erfolg liegt also darin, den Wasserwiderstand zu minimalisieren.

Eine Möglichkeit, das zu erreichen, ist die Verbesserung der Schwimmtechnik. Je effizienter die Arm- und Beinbewegungen sind, desto schneller kommt man voran (wie man an den verschiedenen

Schwimmstilen deutlich erkennen kann – nicht umsonst ziehen Rettungsschwimmer das Kraulen dem Brustschwimmen vor).

Außerdem sollte man seinen Körper so „pimpen", dass er dem Wasser beim Schwimmen möglichst wenig Widerstand bietet. Das ist sogar eine der effizientesten Methoden, seine Leistung zu verbessern. Denken Sie nur daran, was Auto- und Flugzeugentwickler sich alles einfallen lassen, damit die Luft ungehindert am Fahrzeug vorbeiströmen kann. Und im Wasser ist das vom Prinzip her genau dasselbe.

BRUST REIN, PO AUCH

Eine Methode, den Widerstand beim Schwimmen zu verringern, ist die optimale Ausrichtung des Körpers. Bei jedem Schwimmzug tendiert die Hüfte dazu, nach oben zu steigen, damit der Körper im Brustbereich (in dem der Schwerpunkt des Körpers liegt) nicht nach unten sinkt. Da das den Wasserwiderstand erhöht, sollte man darauf achten, dass der Körper eine möglichst gerade Linie bildet.

IMMER SCHÖN STRECKEN

Beim Brustschwimmen wird die Vorwärtsbewegung vor allem durch einen seitlichen Beinschlag erzeugt, den wir uns vom Frosch abgeschaut haben (der Armzug hilft zwar mit, ist aber weit weniger effizient). Darum sollten Sie darauf achten, dass Ihr Körper so weit wie möglich gestreckt ist, bevor Sie diese Schwimmbewegung ausführen (s. Abb. 1). Bringen Sie also Ihre Arme nach dem Armzug möglichst schnell wieder nach vorne, damit sie genau in Schwimmrichtung zeigen, wenn der Beinschlag einsetzt.

Auch die Haltung des Kopfs spielt für die Geschwindigkeit eine Rolle. Viele Freizeitschwimmer halten den Kopf immer oben und erhöhen dadurch den Wasserwiderstand. Besser ist es, mit dem Kopf unter Wasser zu schwimmen und ihn nur zu heben, wenn man Luft holen muss. Je mehr Sie dabei das Kinn gesenkt halten, desto weniger Widerstand bieten Sie dem Wasser. Besonders wenig Wasserwiderstand müssen Sie beim Kraulen überwinden, weil der Arm nach dem Armzug nicht durch das Wasser, sondern durch die Luft wieder nach vorn geführt wird. Wenn Sie die Arme nah am Körper bewegen, gleiten Sie noch leichter durch das Wasser. Achten Sie auch darauf, die Hand mit dem Daumen oder dem Mittelfinger voran einzutauchen, um die Turbulenzen auf ein Minimum zu beschränken.

GLEITFLUG DURCHS WASSER

Ein guter Start ist bei jedem Wettkampf entscheidend. Das gilt auch beim Schwimmen, wo man von einem Startblock springt oder sich vom Beckenrand abstößt. Durch die Schwerkraft beim Sprung und den Federeffekt beim Abstoßen bewegen Sie sich in dieser Anfangsphase schneller durchs Wasser als beim eigentlichen Schwimmen. Um diesen Effekt optimal zu nutzen, müssen Sie auch hierbei so geschmeidig wie möglich durchs Wasser gleiten (sprich: Ihren Körper

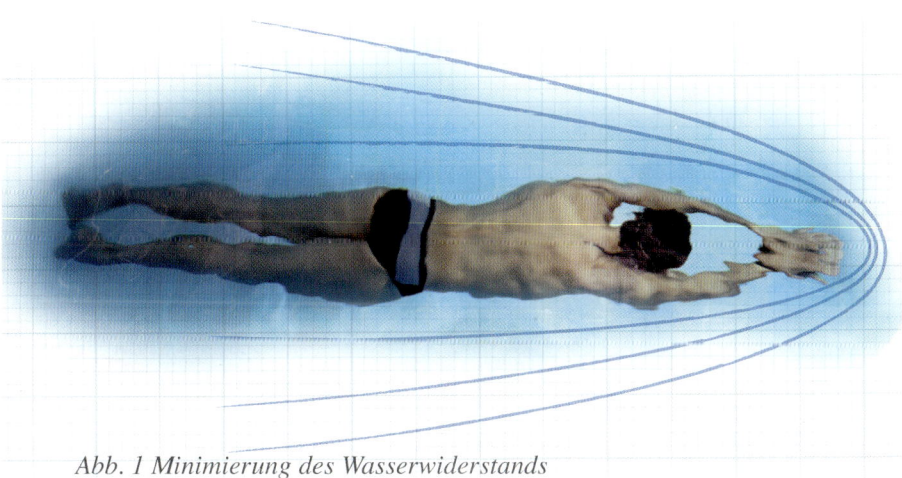

Abb. 1 Minimierung des Wasserwiderstands

stromlinienförmig ausrichten). Wie das geht, können Sie sich von Olympiateilnehmern abschauen: Sie ziehen den Kopf in Richtung Schlüsselbein, drücken die Oberarme an die Ohren und strecken die Hände so weit wie möglich nach vorn. In dieser Position sollten Sie so lange wie möglich unter Wasser bleiben, da sich der Widerstand erhöht, sobald Sie an die Oberfläche kommen.

Um Ihre Geschwindigkeit noch weiter zu steigern, sollten Sie den Beckenrand bei jeder Wende zu Ihrem Vorteil nutzen. Wenn Sie darauf zuschwimmen, abbremsen, sich um 180 Grad drehen und dann wieder anfangen zu schwimmen, verlieren Sie kostbare Zeit und kommen außerdem aus dem Rhythmus. Mit einer Rollwende am Ende der Bahn können Sie Ihre Zeit beim Schwimmen deutlich verbessern. Diese Wende beginnt mit einer Kombination aus Purzelbaum und seitlicher Drehung und endet mit dem Abstoßen vom Beckenrand. In der anschließenden Gleitphase sind die Arme wie beim Startsprung weit nach vorne gestreckt (s. Abb. 2).

DER SUPER-SUIT

Um den Wasserwiderstand noch weiter zu verringern, wurde eine Methode entwickelt, die für einigen Aufruhr gesorgt hat. Der wurde durch eine Entdeckung ausgelöst, die zwei südafrikanische Sportwissenschaftler nach den Olympischen Spielen in Peking machten. Ross Tucker und Jonathan Dugas fiel auf, dass die Abstände der neu aufgestellten Weltrekorde in der Disziplin Schwimmen viel kürzer waren als in der Leichtathletik. Bei den Schwimmerinnen lagen zwischen zwei Bestzeiten im Schnitt nur acht Monate.

Ihr erster Kommenar zu dieser Entwicklung liest sich noch harmlos: „Die Rekorde werden mit einer erstaunlichen Regelmäßigkeit eingestellt. Das liegt zum einen an der Sportart selbst: Beim Schwimmen kann schon eine kleine Veränderung an der Technik, der Körperhaltung oder der Trainingsmethode zu einer deutlichen Leistungssteigerung führen."

Was ihrer Meinung nach aber noch mehr zu dieser rasanten Entwicklung beiträgt, ist die Technologie, die hinter den Anzügen der Schwimmer steckt. Im Olympiajahr 2008 wurden sage und schreibe 108 neue Bestzeiten im den verschwiedenen Disziplien aufgestellt. Bemerkenswerter Weise trugen in 79 Fällen die Sportler den gleichen Schwimmanzug – einen Speedo LZR. Dieses ultraeng anliegende Modell, bei dem die Teile verschweißt statt zusammengenäht werden, besteht aus einem speziellen Polyurethan-Material, das von der NASA entwickelt wurde und für Extra-Auftrieb sorgen soll, weil es Luft einschließt. Die internationale Schwimmverband FINA entschied, dass das nicht rechtens ist und sprach im Januar 2010 ein Verbot für diesen und alle vergleichbaren Entwicklungen aus.

SCHWER HEBEN LEICHT GEMACHT

Die Pyramiden von Gizeh und Stonehenge gehören zu den großen Wundern des Altertums. Man kann nur staunen, wie die damaligen Baumeister es geschafft haben, die gewaltigen Steine, die sie zum Errichten ihrer Werke brauchten, an Ort und Stelle zu bekommen. Geholfen haben ihnen (und ihren Arbeitern) dabei die Gesetze der Mechanik, die auch Sie anwenden können, um schwerere Objekte zu bewegen, als das mit bloßer Muskelkraft möglich ist.

HEBEL UND DREHMOMENT

Um zu verstehen, wie man schwere Gewichte problemlos anheben kann, muss man einen Blick in die Welt der Mechanik werfen. Im Zentrum des Interesses steht dabei der Hebel, ein faszinierend einfaches Hilfsmittel, mit dessen Hilfe man die zum Heben aufgebrachte Kraft vervielfältigen kann. Welche Faktoren bei einem solchen Hebevorgang eine Rolle spielen, sehen wir in der folgenden Grafik:

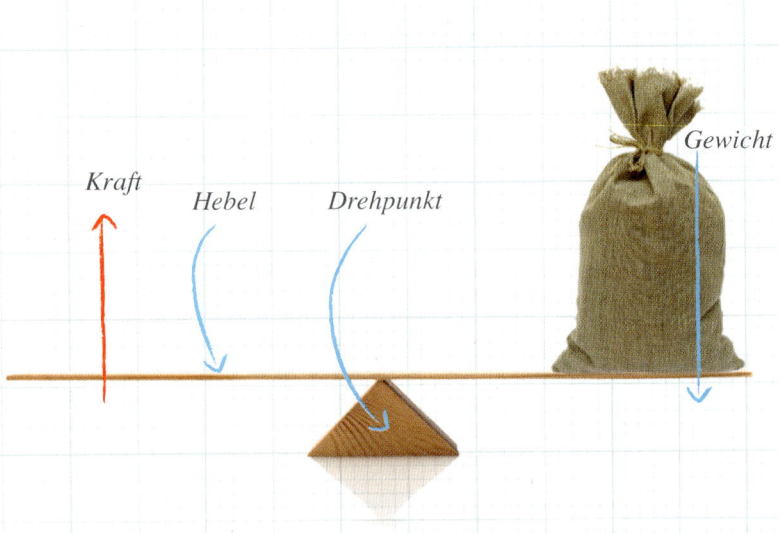

Schon dem griechischen Mathematiker Archimedes waren die Vorzüge des Hebels bekannt, wie eines seiner bekanntesten Zitate belegt: „Gib mir einen Punkt, an dem ich stehen kann, und ich bewege die Erde." Damit brachte er seine Überzeugung zum Ausdruck, dass eine einzige Person mit einem ausreichend langen Hebel und einem richtig platzierten Drehpunkt so ziemlich jedes Gewicht anheben kann.

Die zentrale Rolle beim hebelunterstützten Heben spielt das Drehmoment. Diese physikalische Größe steht für die Tendenz einer Kraft, eine Rotation zu erzeugen. In unserer Grafik bewirkt die Kraft, die links auf den Hebel wirkt, dass dieser sich über den Drehpunkt dreht und das auf der rechten Seite platzierte Gewicht nach oben bewegt.

Bei einer einfachen Konstellation wie der in der Abbildung errechnet sich das Drehmoment M aus der angewandten Kraft F mal der Entfernung zum Drehpunkt d $(M = Fd)$.

WIPPE OHNE WIPPEN

Wenn ein Hebelsystem im Gleichgewicht ist, sind die einwirkenden Kräfte ausgeglichen. Stellen Sie sich zwei Kinder mit identischem Gewicht vor, die in exakt demselben Abstand vom Drehpunkt auf einer Wippe sitzen. Wenn Sie sich nicht bewegen oder mit den Füßen vom Boden abstoßen, sind sie im Gleichgewicht – die Wippe steht also still. Wenn ein Erwachsener den Platz von einem der Kinder einnimmt, sinkt die Wippe an seiner Seite nach unten, weil sie dort dann schwerer ist. Wenn der Erwachsene sich näher an den Drehpunkt setzt, ist das Gleichgewicht wieder hergestellt (s. Abb. 2).

Dieser physikalische Vorgang lässt sich in der Drehmomentgleichung darstellen. Im Fall eines Gleichgewichts sind die angewandte Kraft des Kindes und die des Erwachsenen identisch, also:

$$M_{Kind} = F_{Kind} \times d_{Kind} = M_{Erwachsener} = F_{Erwachsener} \times d_{Erwachsener}$$

Dabei ist d die Distanz zwischen der Mitte der Wippe und dem jeweiligen Sitzplatz.

Die Entfernung lässt sich durch Messen bestimmen, aber wie sieht es mit der angewandten Kraft aus? Hier kommt uns das Newtonsche Bewegungsgesetz zu Hilfe. Nach dem ist $F = ma$, wobei m für die Masse und a für die Beschleunigung eines Objekts steht. Auf der Wippe ist die einzige Beschleunigung die Schwerkraft g, der das Kind und der Erwachsene unterworfen sind. Somit können wir unsere Gleichung wie folgt auflösen:

$$m_{Kind} \times g \times d_{Kind} = m_{Erwachsener} \times g \times d_{Erwachsener}$$

Da g eine Konstante und ungleich Null ist, dürfen wir diese Variable aus der Gleichung streichen:

$$m_{Kind} \times d_{Kind} = m_{Erwachsener} \times d_{Erwachsener}$$
$$\text{oder}$$
$$d_{Erwachsener} = m_{Kind} \times d_{Kind} / m_{Erwachsener}$$

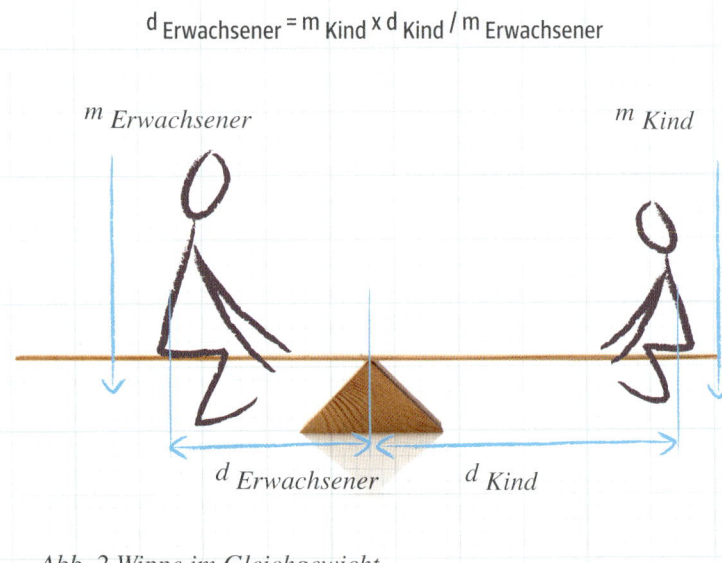

Abb. 2 Wippe im Gleichgewicht

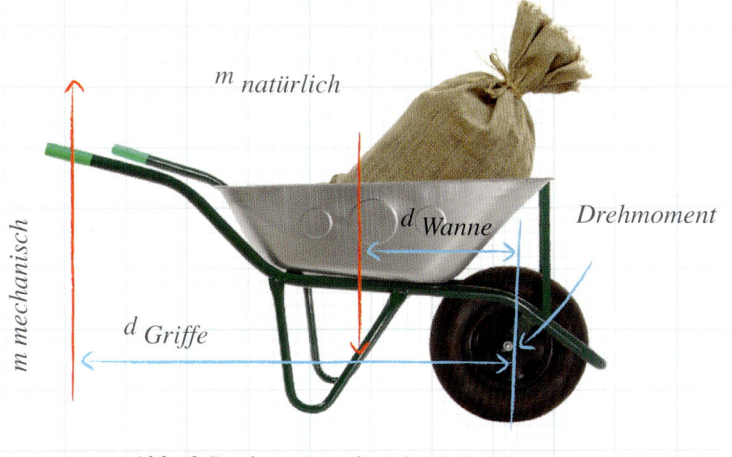

m *natürlich*

Drehmoment

d *Wanne*

m *mechanisch*

d *Griffe*

Abb. 3 Drehmoment bei der Schubkarre

Mit dieser Gleichung können wir nun ganz einfach berechnen, in welchem Abstand zum Drehpunkt der Erwachsene sitzen muss, damit die Wippe im Gleichgewicht ist.

DEN ALLTAG STEMMEN

Es gibt viele Situationen, in denen wir das Drehmoment für uns arbeiten lassen können, zum Beispiel in Form einer Schubkarre. Hier steckt folgendes Prinzip dahinter: Die Griffe sind relativ weit vom Reifen, der auch als Drehpunkt dient, entfernt. Das Gewicht dagegen liegt viel weiter vorn und lässt sich durch die Hebelwirkung relativ leicht anheben. Die Formel dazu sieht folgendermaßen aus:

$$m_{\text{mechanisch}} \times d_{\text{Wanne}} = m_{\text{natürlich}} \times d_{\text{Griffe}}$$
oder
$$m_{\text{mechanisch}} = m_{\text{natürlich}} \times d_{\text{Griffe}} / d_{\text{Wanne}}$$

Dabei ist *m mechanisch* das Gewicht, das Sie mit Hilfe der Schubkarre, und *m natürlich* das Gewicht, das Sie selbst, also aus eigener Kraft bewegen können; *d Griffe* ist die Entfernung der Griffe und *d Wanne* die Entfernung von der Mitte der Wanne zum Drehpunkt. Weil *d Griffe* länger ist als *d Wanne*, haben Sie einen klaren technischen Vorteil.

Party ohne Kater

Wer sein Leben nicht als Abstinenzler verbringt, hat das sicher schon mindestens einmal mitgemacht: das berühmte Glas zuviel. Beim Schlafengehen war alles noch in bester Ordnung, aber am Morgen danach wacht man mit einem ausgewachsenen Kater auf. Wie in aller Welt ist es dazu bloß gekommen?

DIE ÜBELTÄTER

Hinter einem Kater kann sich eine ganze Reihe verschiedener Symptome verstecken, die von Müdigkeit und Durst bis hin zu Kopfschmerzen und Übelkeit reichen. Verantwortlich für einen Kater sind verschiedene Faktoren: Dehydrierung, ein gestörtes Elektrolytsystem, unruhiger Schlaf, niedriger Blutzucker und die verstärkende Wirkung von Suchtmitteln wie Nikotin bei Alkoholgenuss.

Dehydriert wird der Körper, weil Alkohol ein Diuretikum ist – er bewirkt, dass man (in Form von Harn) mehr Flüssigkeit ausscheidet, als man beim Alkoholtrinken zu sich nimmt.

DIE SACHE MIT DEM ACETALDEHYD

Für das Zustandekommen eines Katers wird unter anderem eine Substanz namens Acetaldehyd verantwortlich gemacht. Alkohol (oder genauer gesagt: Ethanol) wird von der Leber mit Hilfe eines Enzyms namens Alkoholdehydrogenase abgebaut. Dabei wird der Alkohol zunächst in Acetaldehyd umgewandelt, das im Körper toxisch wirkt und die Bildung von Krebszellen fördern kann. Das Acetaldehyd wiederum wird von dem Leberenzym in die relativ harmlose Essigsäure transformiert. Weil der weibliche Körper nach wissenschaftlichen Erkenntnissen weniger Alkoholdehydrogenase als der männliche produziert, leiden Frauen meist unter einem schlimmeren Kater als Männer. Außerdem wiegen Frauen in der Regel weniger, haben einen höheren Anteil an Körperfett und zudem einen niedrigeren Anteil an Körperflüssigkeit. Dadurch erreicht der Alkohol die Organe in einer höheren Konzentration als bei Männern und wirkt dadurch wesentlich stärker. Und das macht sich nicht nur beim Trunkenheitsgrad, sondern auch bei dem Ausmaß des Katers bemerkbar.

GUTE GENE, SCHLECHTE GENE

Interessanterweise zeigen Menschen mit asiatischen Wurzeln oft Besonderheiten in den Genen, die sich auf den Abbau von Alkohol im Körper auswirken. Bei ihnen entsteht Acetaldehyd wesentlich schneller, was zu plötzlichen und schweren Fällen von Kater führt. Andere Menschen wiederum bekommen nicht einmal einen leichten Brummschädel. 2008 wurde am der Boston University School of Public Health eine Untersuchung zu diesem Thema durchgeführt. Im Zentrum für Alkoholprävention bei Jugendlichen verglichen Jonathan Howland und seine Kollegen frühere Studien mit eigenen Untersuchungsergebnissen. Dabei fanden sie heraus, dass rund 23,6 der Alkoholkonsumenten noch nie unter einem Kater gelitten hatten.

Keinen wissenschaftlichen Beweis konnten sie für eine weit verbreitete Annahme finden: dass nämlich Getränke wie Rotwein oder Whisky, die große Mengen an Kongenen enthalten, einen schlimmeren Kater verursachen. (Für alle, die es nicht wissen sollten: Kongene sind die biologischen Verbindungen, die Aussehen, Geschmack und Geruch eines Getränks ausmachen.)

Ein Kater ist also eine ziemlich komplexe Angelegenheit und entsprechend schwierig zu behandeln. Mit einer Kombination verschiedener Maßnahmen sollte das aber trotzdem gelingen.

WASSER, WASSER, WASSER

Dehydrierung ist beim Kater nicht nur das häufigste, sondern auch das weitreichendste Symptom, weil es viele unangenehme Nebeneffekte auslöst. Wie bereits gesagt, wird beim Alkoholgenuss mehr Flüssigkeit ausgeschwemmt, als man zu sich nimmt. Um diesen Verlust auszugleichen, sollte man immer reichlich Wasser trinken: auf der Feier, bevor man ins Bett geht und am Morgen danach.

ESSEN, TRINKEN, FRÖHLICH SEIN

Viele trinken ein Glas Milch oder essen noch etwas, bevor sie auf eine Zechtour gehen. Dieses „Auskleiden" des Magens soll einen Kater von vornherein verhindern. Weil Alkohol über die Magenschleimhaut ins Blut gelangt, hat das tatsächlich einen gewissen Effekt. Wenn der Bauch halbwegs gefüllt ist, wird der Aufnahmeprozess zwar nicht gestoppt, aber zumindest ein wenig verlangsamt.

DAS KONTERGETRÄNK

Erwartungsgemäß hängt die Heftigkeit des Katers damit zusammen, wie viel Alkohol über welchen Zeitraum konsumiet wurde. Der Trunkenheitsgrad wird durch die so genannte Blutalkoholkonzentration (BAK) bestimmt, die den prozentualen Anteil von Alkohol im Blut angibt. Wenn die BAK unter 0,1 % liegt, passiert meistens nicht viel, und der Trinker ist nur sehr euphorisch, gesprächig und entspannt. Wenn die BAK steigt, nehmen auch die weniger harmlosen Begleiterscheinungen zu. Interessanterweise setzt der Kater dann ein, wenn die BAK wieder auf Null geht. Das legt nahe, dass ein Kater unter anderem durch Alkoholentzug entsteht.

Viele Menschen nehmen das zum Anlass, ihren Kater mit einem Kontergetränk zu bekämpfen – und zwar am besten mit dem Getränk, das für ihren desolaten Zustand veranwortlich ist. Wissenschaftler geben aber zu bedenken, dass diese Therapie im besten Fall nur sehr

kurz Wirkung zeigt und im schlimmsten Fall zu Alkoholismus führen
kann.

DER GRIFF INS MEDIZINSCHRÄNKCHEN

Eines der wirkungsvollsten Mittel gegen Kater sind Rehydrierungssalze, die man normalerweise bei Durchfall nimmt. Vor dem
Schlafengehen eingenommen helfen sie, Dehydration, eine Störung
des Elektrolytsystems und niedrigen Blutzucker zu verhindern. Alkohol verursacht nämlich eine Art Zuckerschock, auf den der Körper durch die Ausschüttung von Insulin reagiert. Dadurch kann der
Blutzucker unter den normalen Wert absacken. Rehydrierungssalze
sorgen dafür, dass der Blutzuckerspiegel wieder steigt.

Wenn das nicht hilft, können Sie immer noch eine Schmerztablette
nehmen. Einige Fabrikate – insbesondere Aspirin – können aber die
Magenschleimhaut angreifen. Weil Alkohol genau dasselbe macht,
riskieren Sie eine ernsthafte Beeinträchtigung, die im schlimmsten
Fall zu Magengeschwüren führen kann.

Die beste Methode, einen Kater zu vermeiden, ist immer noch,
neben dem Alkohol jede Menge Wasser zu trinken. Ansonsten müssen Sie sich darauf gefasst machen, dass Sie die Rechnung für ihren
lustigen Abend am Morgen danach bekommen.

Stichwortverzeichnis

Bildnachweis und Dank

Der Herausgeber dankt den Bildagenturen Dreamstime und iStockphoto für die Erlaubnis, auf den nachfolgend aufgeführten Seiten Bilder aus ihrem Bestand zu verwenden: Dreamstime: pp. 14, 34, 44, 47, 58, 61, 64, 68, 71, 72, 75, 80, 82, 96, 103, 105, 110, 111, 113, 119, 122, 125, 138; iStockphoto: pp. 9, 13, 16, 21, 22, 25, 27, 30, 31, 34, 37, 39, 40, 41, 42, 49, 51, 62, 66, 72, 84, 85, 87, 89, 91, 92, 93, 94, 107, 115, 121, 122, 128, 131, 132, 134, 136, 137, 141.